New Media

新媒体·新传播·新运营 系列丛书

"十四五"职业教育
江苏省规划教材

新媒体编创

图文 短视频 直播 微课版

周晓平 王丛明 / 主编　樊世东 刘亚玉 夏仲静 / 副主编

人民邮电出版社
北京

图书在版编目（CIP）数据

新媒体编创：图文 短视频 直播：微课版 / 周晓平，王丛明主编. -- 北京：人民邮电出版社，2021.11（2022.12重印）
（新媒体·新传播·新运营系列丛书）
ISBN 978-7-115-57622-4

Ⅰ．①新… Ⅱ．①周… ②王… Ⅲ．①视频制作
Ⅳ．①TN948.4

中国版本图书馆CIP数据核字(2021)第206768号

内 容 提 要

新媒体时代，用户看到的内容已经不仅限于传统媒体静态、抽象的文字或图片，用户阅读的内容已经改变，更多时候阅读的是编排精美的图文、动态的视频等。因此，传统媒体时代的写作、编辑方式已经不能适应新时代的要求。能策划写作、编辑发布出适合当代网络用户阅读和喜好的内容，是新媒体编创者的必备技能。本书在分析新媒体的内容本质、思维模式的基础上，介绍了新媒体传播的知识，以及图文、短视频、直播形式新媒体内容的选题策划、文案撰写、编辑发布，并给出了具体的能力训练步骤。全书分为 4 个项目，分别为新媒体认知、图文编创、短视频编创、直播编创。本书包含丰富的企业真实案例，并配套了微课讲解视频。

本书既适合作为高职院校与新媒体相关的专业的教材，又可以作为各大新媒体平台文案、策划、编辑、宣发、运营等从业人员的参考书。

◆ 主　　编　周晓平　王丛明
　　副 主 编　樊世东　刘亚玉　夏仲静
　　责任编辑　楼雪樵
　　责任印制　王　郁　焦志炜
◆ 人民邮电出版社出版发行　　北京市丰台区成寿寺路 11 号
　　邮编　100164　电子邮件　315@ptpress.com.cn
　　网址　https://www.ptpress.com.cn
　　涿州市京南印刷厂印刷
◆ 开本：787×1092　1/16
　　印张：11.5　　　　　　　　　　2021 年 11 月第 1 版
　　字数：260 千字　　　　　　　 2022 年 12 月河北第 3 次印刷

定价：49.80 元

读者服务热线：(010)81055256　印装质量热线：(010)81055316
反盗版热线：(010)81055315
广告经营许可证：京东市监广登字 20170147 号

前　言

随着互联网和移动通信技术的发展，新媒体作为一种新的媒体形式被大众接受并广泛应用，并成为传播信息的重要渠道。形式多样的新媒体平台，以其强大的传播力量，不断向用户传达着信息。不少机关、企事业单位和个人，开始借助新媒体传播信息及推广产品或服务。因此，不管是机关还是企事业单位，都需要能够适应新媒体内容特点的编创人员，能够通过图文、短视频、直播等方式，有效地触及线上和线下的用户，为自身营造整合传播的空间。

为了紧跟新媒体发展的时代潮流，帮助新媒体编创岗位从业人员最大化地实现个人价值，本书从新媒体编创岗位现状出发，系统地梳理了新媒体编创岗位的知识和技能，致力于帮助读者形成选题策划、文案写作、编辑发布的核心技能，提升读者从事新媒体编创的核心竞争力，让即将从事编创工作的读者逐步从入门到精通，最终成为一名合格的新媒体编创人员。

本书内容

本书在深入分析新媒体发展趋势的基础上，根据当前新媒体内容的表现形式和特点，设置了4个项目，从基础的新媒体编创的认知，到图文、短视频、直播编创技能的形成，讲解过程注重理论和实践相结合，学校教学和企业培训一体化。同时，为了响应职业教育改革的号召，本书采用活页式体例，以适应技能学习的特点和现代学徒制教学的需要。

本书特色

本书从新媒体行业发展的实际情况出发，结合合作企业实践，帮助初次接触编创岗位的学习者和刚刚入行的从业人员，成为一名合格的新媒体编创人员。本书既是一本新媒体教材，又是一本培训手册，与目前市场上的其他同类书相比，本书体现了以下特色。

1. 校企深度融合，增强教学项目的真实性。本书由专业教师和企业人员共同编写，苏州方向文化传媒有限公司新媒体事业部总监夏仲静提供系统、垂直、真实的企业案例素材和项目的执行标准与流程。

2. 数字资源集成，增加教学方法的多样性。本书聚集视频课程等教学资源，配套企业的培训视频，依照工作流程和技术标准开发教材，借助智慧校园的智能终端技术，形成实时更新、动态共享的课程教学资源库，开启移动学习方式。针对本书的项目、任务，学生可以通过在线电子资源库，远程、实时地进行课件阅读、视频学习、实战训练，企业导师和任课教师可以进行在线评价与指导。

本书的创新点

1. 项目真实化。本书的所有案例全部为企业的真实案例，苏州方向文化传媒股份有限公司的导师全程指导。在企业环境中双导师指导学习、实践，学生的素质和技能将更加适应行业及岗位需求。

2. 理实一体化。本书尽量减少系统学科知识的介绍，而是通过项目案例分析知识点、技能点，以案例的形式进行知识讲解，使学生做到能懂、会用。本书强化岗位技能的操作训练，使学生毕业就具备岗位实战的操作能力。

3. 校企共用化。学生、员工均可运用本书进行课内、线上的系统学习，掌握相应的知识与技能；课外、线下则可以实践企业项目，拓展应用能力。

本书充分发挥了学校和企业环境、项目、过程、成果的"真、实"的优势，借鉴国外"双元制"经验，实践现代学徒制的教学改革要求，进一步运用混合式教学模式、诊断式教学评价手段，体现最新的职业教育教学理念。

编者与致谢

本书由周晓平和王丛明担任主编，樊世东、刘亚玉、夏仲静担任副主编。项目一由周晓平编写，项目二由刘亚玉编写，项目三由王丛明编写，项目四由樊世东编写，夏仲静整理并提供所有的企业案例。

本书在编写的过程中，参考了大量文案写作、图文编辑、短视频和直播相关的书籍和资料，在此谨向这些书籍、资料的作者致以诚挚的谢意。

由于作者的水平所限，书中难免存在疏漏和不足之处，欢迎广大读者、专家批评指正。

编　者

2021 年 9 月

CONTENTS

目 录

项目一

新媒体认知

知识目标

1. 了解新媒体的概念
2. 熟悉新媒体的分类
3. 掌握新媒体的特点
4. 掌握新媒体的传播价值
5. 掌握新媒体的思维特质

技能目标

1. 能够进行新媒体的分类
2. 能够注册并使用新媒体平台
3. 能够按照传播需求选择新媒体平台

素质目标

1. 能够树立创新意识和创新精神
2. 能够掌握理论和实践相结合的学习方法
3. 能够和团队成员协作，共同完成项目和任务

思维导图 ↓

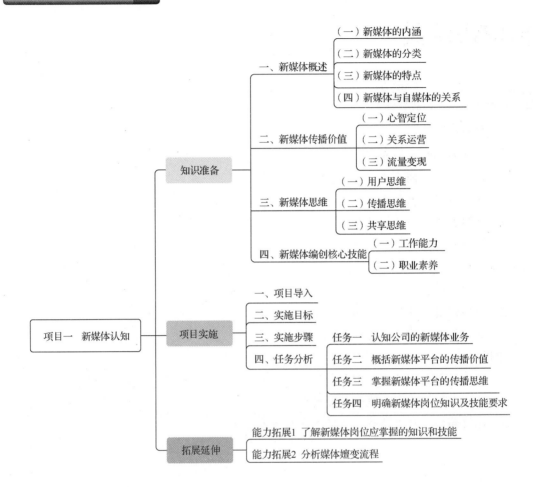

知识准备

一、新媒体概述

随着互联网和移动通信技术的发展，新媒体作为一种新的传播渠道被大众接受并应用，成为传播信息的重要渠道。不少机关、企事业单位和自媒体平台开始借助新媒体进行信息的传播、产品或服务的推广。形式多样的新媒体平台应运而生。

思考问题

（1）什么是媒体？

（2）什么是新媒体？

（3）新媒体有哪些特点？

（一）新媒体的内涵

媒体（media）一词来源于拉丁语"medius"，意为两者之间。媒体是传播信息的中介。它是指人们用来传递信息与获取信息的工具、渠道、载体、中介或技术手段。我们也可以把媒体看作实现信息从信息源传递到受信者的一切技术手段。媒体有两层含义：一是承载信息的物体（媒介）；二是指存储、呈现、处理、传递信息的实体。

传统的四大媒体一般指电视、广播、报纸、期刊（杂志）。此外，传统媒体还包括户外媒体。户外媒体主要指建筑物的楼顶和商业区的门前、路边等户外场地设置的发布广告的媒介，如车身、路牌、灯箱的广告位等。随着科学技术的发展，新的媒体形式逐渐衍生，例如互动网络电视（IPTV）、电子杂志等。特别是随着移动互联网的迅速发展，手机的功能强化之后，传统媒体的内容逐步向网络和移动终端转移，形成了新的媒体形态。它们依托传统媒体发展壮大，但与传统媒体又有着质的区别，这就出现了"新媒体"的概念。

"新媒体"这个概念的定义，可以追溯至20世纪中叶。1967年，戈登·马克最先提出了"新媒体"（new media）一词。之后，美国传播政策总统特别委员会主席罗斯托在向当时的美国总统尼克松提交的报告中再次提到这一概念。"新媒体"一词就这样在美国传播开来，很快扩展到全球，并且其内涵随着技术的发展而日益广泛。

美国《连线》杂志将新媒体定义为"人对人的传播"。这个定义突破了传统媒体对传播者和受众两个角色的严格划分，即在新媒体环境下，没有传统媒体中所谓的"听众""观众""读者""作者"，每个人既可以是受众，也可以是传播者，信息的传播不再是单向的。可以说，《连线》杂志将新媒体互动性的特征鲜明地揭示出来了。

基于上述认识，我们将"新媒体"这一概念从广义与狭义两个角度进行定义。广义而言，我们可以将"新媒体"理解为一切传统媒体之后诞生的"新兴媒体"。这是一个动态的概念，即通过技术手段改变信息传送的方式，带来信息传播内容和方式变化的媒体，都可以称为新媒体。狭义而言，新媒体是指当前以数字技术、网络技术及移动通信技术为基础，利用无线通信网、局域网、卫星及互联网等传播渠道，结合手机、计算机、电视等设备作为输出终端，向用户提供文字、图片、音频、视频、动画等合成信息及服务的新型传播形式与手段的总称。

【答一答】

媒介和媒体的概念在接触新媒体的过程中频繁出现，结合上面学习的内容，请你谈谈媒介和媒体的区别在哪里？

_____

_____

（二）新媒体的分类

媒体在新技术的支撑下，衍生出许多新的形态。首先是数字技术改变了传统的媒体，出现了数字杂志、数字报纸、数字广播、数字电影、数字电视等；移动互联网技术造就了手机短信、移动电视、桌面视窗、触摸媒体等。众多的新媒体形态根据不同的分类标准，可以粗略分成以下类别（见表 1-1）。

表 1-1   新媒体分类

分类标准	举例
平台	微信公众号、微博、今日头条、百家号、抖音、快手、喜马拉雅等
内容	纯文字、图文、条漫、音频、短视频、直播等
功能	资讯、社交、传播（整合营销传播）
主体	自媒体个人、自媒体团队、企业等
价值	广告变现、产品变现、内容变现、企业赋能、品牌提升等
目标	信息传播、销售转化、品牌塑造、活动推广、用户服务等

技术的不断进步促进了各种内容表达形式的变革，也加速了新媒体融合发展的步伐。也有研究者从新媒体平台的内容表现形式、内容的功能等角度，把众多平台分为 3 个阵营。

第一阵营为短视频平台，以抖音、快手为代表，近年来发展迅速，该阵营的平台更有利于关键意见领袖（Key Opinion Leader，KOL）的打造，能迅速产生较强的传播力。

第二阵营为社交平台，即以微博、微信为代表的以图文内容为主的平台。该阵营平台的用户互动性强，活跃度比其他阵营的用户更高。

第三阵营为自媒体平台，即以今日头条、百家号为代表的网络媒体平台。该阵营平台融合了各种表达形式，同时有众多的用户生产内容（User Generated Content，UGC），该阵营的专业性更强，对内容的要求也更高，但是用户也会更精准。

这 3 个阵营的划分体现了新媒体融合发展的趋势，但作为划分标准不够明确，是按照平台内容的表现形式，还是按照平台的目标功能或内容输出者的性质，没有界定清楚，不利于读者把握。为了便于学习理解，本书依照内容呈现方式，把新媒体分为图文、短视频、直播三大类别。

【答一答】

如果按照平台的传播目标来分类，新媒体可以分为几大类？请说明理由。

_____

_____

（三）新媒体的特点

新媒体脱胎于传统媒体，在数字网络技术、移动通信技术的赋能之下，具有与传统媒体不同的特点。通常我们提到的数字网络技术是多种技术的统称，包括区块链、大数据、云计算、人工智能等。数字网络技术应用的最大长处，是能够大幅提高整体经济效率。数字技术可以构建一个更加直接高效的网络，打破过去企业和企业之间、个人和个人之间、人和物之间的平面连接，建立起立体的、交互式的架构。此架构实现了点对点、端对端的交互式连接，省去中间节点，进一步提高了信息传播的效率，也带来了新媒体的若干特点。

1. 跨时空的即时性

新媒体信息传播速度快，表现出鲜明的即时性。新媒体利用通信卫星和全球网络传输数据，完全打破了有线网络和国家等行政区划、地理区域的限制，可以在地球上的任何角落与世界相连。特别是移动端发送信息时间短、接收信息速度快，受制约因素少，几乎不受任何时间和地域的限制，用户通过手机、计算机或其他智能终端能够快速发布信息和及时接收信息。在移动互联网覆盖的任何地方，用户在任何时间都可以搜索信息、查阅信息、发布信息，这是报刊、广播、电视等传统媒体无法企及的。

2. 双向交流的交互性

新媒体与传统媒体相比具有超强的交互性。传统媒体是单向传播，不管是广播、电视还是报纸都是单向传递信息，媒体处于强势地位，决定着用户接收的信息，用户很难进行信息反馈。而在新媒体中，信息的传输是双向的，甚至是多向的。每个用户都具有信息交流的控制权，可以选择接收信息，也可以选择关闭客户端或屏蔽信息来源不再接收信息。用户不再是单纯被动地接收信息。

而且，以微信、抖音等为代表的新媒体，从根本上改变了被动接收的受众角色。公众既可以是信息的接收者，又可以变为信息的发布者；既可以是信息的制作者，又可以是信息的传播者。任何人都可以是消息的来源，任何人也可以随时对信息进行反馈、评论、补充和互动，这最大限度地发挥了公众的参与性和主动性，满足了公众掌握话语权的需求，真正实现了双向互动信息交流。

3. 数字化的超文本性

新媒体采用网络超链接技术，可以将不同空间的图文、音频、视频信息组织在一起，实现资源共享。用户可以非常便捷地获取各种需要的信息、文本资料。例如，文本中的某个专业词语设置了超链接，点开后可以看到各种形式的具体介绍。同时因为新媒体数字采用存储方式，数据可以压缩成很小的文件进行传输，可以在短时间内迅速进行非线性处理，用户在短时间内即可获得海量信息，获得几何倍数增长的传播流量。

4. 内容传播的失真性

新媒体作为重要的信息传播工具，可以为每个人提供自己的客户终端。以手机微博、微信、今日头条、抖音、快手等平台作为传播媒介，人们可以随时随地发布自己的位置、状态、心情和所见所闻。同时由于互联网为人们提供了虚拟的空间，用户可以自由地、不受约束地表达自己的观点，发布消息，传达资讯，可以就自己关心的话题留言、发帖、评论、投票。在传统媒体中不能实现的事情，在新媒体中可以轻松实现。虽然自由表达在最大程度上实现了言论自由，但由于缺少传统媒体把关人的角色，发布的内容完全基于用户的自觉，导致不实信息可能在网络空间出现。

（四）新媒体与自媒体的关系

技术进步打破了原来的壁垒，促使传统媒体与时俱进，走上融媒体发展之路，同时带动新媒体大量涌现。在这些新媒体中，占据大半壁江山的是由专业或非专业的个人和团队借助互联网平台生产内容的自媒体。自媒体在发展的速度、内容和表达的自由度上，都更富有生命力。

1. 什么是自媒体

自媒体是指普通用户通过网络等途径，向外发布事实和新闻的传播方式。"自媒体"，英文为"we media"，是普通用户通过数字科技与全球内容体系相连之后，提供与分享他们所掌握的事实和新闻的新媒体形式。自媒体是私人化、平民化、普遍化、自主化的传播者，以现代化、科技化的手段，向不特定的大多数或特定的单个人传递规范性及非规范性信息的新媒体的总称，如目前比较受欢迎的微信公众号、今日头条、抖音、快手等。

自媒体内容的主要表现形式有文字、图片、音频、视频、直播，等等，这使得自媒体内容的呈现形式丰富多样。自媒体运营的核心在于提供优质内容，只有品质优良的内容才会受到用户的喜欢、关注及转载，才能增加自媒体的流量。所以，自媒体在内容运营上，一定要深入分析用户，研究不同平台的特点，寻找最合适自己的平台以及最感兴趣的领域——这是自媒体内容生产的动力来源。

2. 新媒体和自媒体的关系

新媒体和自媒体两者之间存在什么样的关系呢？从两者的发布方式、信息生产者、工作流程、生产目标、媒体形象、传播对象要素的比较可知，新媒体包含自媒体，自媒体是新媒体的一种特殊形态。无论是形式还是内容，自媒体融合发展的态势日益显著。从内容表现形式来看，两者基本都是以图文、短视频、直播等综合的方式展开；从生产目标来看，两者都必须具备通过社交、资讯、传播等与用户建立关系，满足用户不同需要的功能。新媒体与自媒体不同要素的比较如表 1-2 所示。

表 1-2   新媒体与自媒体不同要素的比较

对比项	自媒体	新媒体
信息生产者	业余人士为主，作为自主的个体，服从个体意愿	专业人士为主，作为组织成员，服从组织方针和立场
工作流程	因人而异	标准化的操作原则和程序
生产目标	信息共享	服务公众
媒体形象	打造个人品牌和声誉	打造组织品牌和声誉
传播对象	模糊的读者群	明确的读者群

作为新媒体的重要组成部分，除了具有新媒体的特点之外，自媒体还形成了许多独有的特点。

（1）个性化。这是自媒体最显著的一个特性。无论是内容还是形式，新兴的自媒体平台一定会给用户提供充足的个性化选择空间。

（2）碎片化。这是整个社会信息传播的趋势，用户越来越习惯和乐于接受简短的、直观的信息，自媒体平台在创办之时，都会尽可能顺应这种趋势。

（3）多样化。微博、微信作为自媒体的一种平台，给用户提供文字、图片、音乐、视频等多种内容形式的选择，而近年来出现的抖音、快手等平台，以音乐、视频、动漫等为内容表现形式，迅速聚拢大量粉丝，成为自媒体平台的主体。

（4）专门化。自媒体平台是以小群体不断聚集和传播信息的，可以针对专门的群体创办，如针对游戏爱好者、音乐爱好者、影视爱好者、汽车爱好者、学生群体等。

【答一答】

新媒体和自媒体的特点为什么出现分化？结合上面学习的内容，请你说说两者的区别具体表现在哪里？并请你预测一下新媒体和自媒体的发展趋势。

_____

_____

二、新媒体传播价值

媒体传播的信息都具有一定的价值。但是传统媒体和新媒体传播价值之间有着巨大的差异。传统媒体是大众传播，它的功能有传播信息、引导舆论、教育大众和提供娱乐。其中，传播信息是大众传播最基本、最重要的功能，呈现的是一种由外而内的向度。而新媒体的出现标志着分众时代的来临，它所呈现的是由内而外的向度。"种草""黏性""变现"等词语的使用标志着新媒体的传播价值导向发生了变化，更多是为了对用户进行心智定位、关系运营、流量变现等。

思考问题

（1）什么是心智定位？

（2）新媒体传播的本质是什么？

（3）流量变现有几种方式？

（一）心智定位

1. 什么是心智定位

心智不是大脑，而是心、脑、智三者的结合，是由情感集结而形成的一种"虚拟机器"，类似于智能播放器。它会根据日常所见所思进行主动联想、感知、推理、归纳、回忆等一系列思维活动。从心理学角度看，心智主要有三方面的功能：获取内容、应用内容、抽象推理。人们通过长期的认知和行为积累，逐步形成心智模型。简单地说，心智就是人们对自己、他人、组织、世界等不同维度的认知，产生一种假设，人们借此来理解外界，与外界互动。心智模型深受已有认知、习惯思维的影响、控制。

传统的营销理论研究者从二十世纪四五十年代开始强调，每个品牌、产品都需要一个合适的市场位置，这通常称为市场定位。从 20 世纪 70 年代开始，由于产品的极大丰富，奥格威等研究者发现，一个品牌要确立地位，必须在消费者心目中具有心智位置。而成长在网络环境的新一代，如何通过新媒体，让平台的内容产品与众不同，人设印象深刻，当用户产生使用需求时，立即联想到相应的平台品牌，必须进行认知习惯的培养，形成心智定位。

传统意义上的定位，是围绕某个品牌或产品、服务进行，但新媒体中的定位是围绕用户或潜在用户的需求进行的。如何在用户或潜在用户的心目中占据特定的心智位置，新媒体从业者必须了解一个人心理决策的程序，按照程序的先后逐步构建。通常一个决策的产生由动机、情感（态度）、意志和行为组成。刺激用户产生动机，改变用户的情感和意志，就能最终实现行为的产生。心智定位就是在分析用户的基础上，运用各种方法影响用户的情感、意志。

2. 如何进行心智定位

决定一个新媒体内容或产品的市场地位，需要一定的过程。如何确定自己在用户心中的心智地位，培养出自己的忠实粉丝呢？每天定时定点传播信息，或引导用户参与各种活动，都是培养粉丝的好方法。这种行为在淘宝网等平台上被称为"种草"，其实就是在用户的心智上进行定位。其本质就是通过心理暗示和经常性的活动，给粉丝一种愉快的体验，培养下意识的行为习惯。从新媒体传播价值的角度来讲，就是在用户心智上形成心理暗示力。

在用户的心智上形成心理暗示力，能让用户认为平台的内容或产品是最符合需要的，对良好的使用体验产生记忆，用户自然会对使用平台内容或产品形成情感倾向。例如，很多人有凡事"百度一下"的习惯，当用户养成使用百度搜索的习惯时，百度其他产品的不断推出，也会不断强化百度的品牌心智地位。无论用户遇到什么问题，都会习惯在百度搜索答案。

下意识和行为习惯的形成，是大脑的学习方式决定的。据神经学专家研究，大脑为了让人们能学习更多的新东西，会把习惯了的思考方式放到基底神经。习惯就像是大脑建立的一个快捷方式，让我们对习惯的行为或动作进行"快速调用"。在人类进行习惯行为时，大脑是基本不思考的，因为这件事没有重新"写入"大脑的必要，它已经预先存在于大脑的基底神经。

简而言之，习惯是一种下意识动作。当大脑形成一种惯性思路时，就很难改变，因为通常来说，人们都会觉得不需要思考的行为方式是最自然、最舒服的。当人们在某类行为中产生了这种思考的惯性或下意识，实际上心智定位就已经形成。

【答一答】

如果要树立一个新的平台形象，在用户的心智上确定自己的位置，可以通过什么样的方法？

_____

_____

（二）关系运营

新媒体以互联网为传播载体，天然具有网络交互的特征，一旦与用户需求相吻合的传播能量被激活，新媒体的社交属性就会迅速显现。作为现代人际交往的中介，新媒体平台在社会关系网络中很容易形成自己的关系网络，如朋友圈、微信群等各种社群。用户通过新媒体平台与他人的工作、生活及消费圈形成各种各样的连接，在获取他们使用信息的同时，又释放了自己的需求信息。所以新媒体可以通过双向、多向的互动，将传统媒体传递信息的功能强化成一种关系连接，形成新的传播价值。

1. 关系的价值

"关系"一般是指不同事物之间，或人与人之间的联系。在传播学中，史蒂芬·李特约翰认为关系是建立在双方交往基础上的，诱发双方对后续行为的期望。在社会资本理论中，关系是一种具有生产力性质的资源要素，有研究者甚至认为通过社会关系网络进行交往，人们能够获得更多的社会资本。而且，因为网络的特殊性，人们在互联网上通过关系获取社会资源，比在现实社会中获取社会资源的成本低、速度快。所以，新媒体的运营实际上就是建立关系，低成本、快速地形成自己社会资本的增值。

关系是由双向的连接形成的，而互联网的精髓在于建立连接。诞生于互联网的新媒体对于关系的连接和运用具有很强的自主性、可能性。基于互联网和数字技术的新媒体，一方面为了形成关系提供服务；另一方面，又为人与人之间产生双向连接提供即时通道。这表现在新媒体一方面以人与人的关系为起点，生产个性化、专业化的内容产品；另一方面，新媒体通过内容产品与服务产品，使用户之间产生更深层次的互动关系，紧密依附在一起，实现了建立关系和增强关系的目标。新媒体的本质在于挖掘、处理、运用传播过程中的各种关系，并提供与之适配的内容和服务，从而增强媒体与人、物、环境的连接，形成社会资源。

2. 关系建立的方法——连接

"连接"原是一个工业术语，指的是将两个物体通过某种方式衔接在一起，创造出一个新的东西，或形成一种新的功能和效用。"连接"对于新媒体而言，是针对经济属性提出的，强调的是要通过新媒体建立具有价值提升可能性的创新关系。产生这种创新型关系，首先必须了解新媒体连接的作用和连接的方式。

新媒体连接的作用是让用户能够紧密地黏连在新媒体平台，将分散的、小众的群体进行聚合，形成一个相对稳定的用户群体，建立价值提升的创新关系，以消耗较少的成本，创造更大的价值。新媒体的连接方式通常可以分为以下几种。

（1）图文分享知识经验。如在线教育培训会组织大量的学员群进行答疑，分享干货，看似提供客户服务，实则也是在销售产品。有很多电商企业会给购买本店铺商品的客户建立一个会员群，适时在群里分享店铺活动、发放会员优惠券维护客户关系，也会采用"邀请好友入群得现金红包"等形式挖掘潜在客户。

（2）视频教授技能技巧。这种连接方式针对基于如学习、读书、健身、艺术等爱好而聚在一起的社群成员，用于一起维持良好的习惯或兴趣爱好。社群成员一起学习和分享，构建起一个网络学习的小圈子。学习是需要同伴效应的，没有这个同伴圈，很多人就难以坚持学习，他们需要在一起相互打气、相互激励。例如考研群、英语四六级群等都是如此。

（3）直播销售产品。如售卖自家农产品的人建立一个群，实时分享农产品各个阶段的生长状态，到农产品成熟的季节在群里发布产品购买链接，引导用户购买。这种基于经济目标维护的群，反而有更大的可能生存下去。因为做好群内的服务，就可以源源不断地获得老用户的满意度和追加购买。

连接用户的是产品，产品包括内容产品和服务产品，两者之间也存在连接。内容产品如果缺少服务产品的支撑，则连接不易成功；服务产品如果缺少内容产品的导入，则连接也很容易中断。连接为新媒体积聚关系，形成了社会资本，并触及用户的价值层，个体的社会价值、企业和组织的经济价值都得以在这一层实现。新媒体通过多样的方法，连接用户形成紧密关系，实现流量的增加，最终引导流量变现。

【答一答】

新媒体连接用户的技术有哪些？这些连接让新媒体和用户之间形成的关系，对新媒体平台实现自身的价值有什么意义？

_____

_____

（三）流量变现

流量变现是指将互联网流量通过某些方法实现现金收益。在互联网行业，有这样一个公式：用户=流量=金钱。要实现流量变现，最重要的就是有足够的流量。网站流量指网站的访问量，是用来描述访问一个网站的用户数量，以及用户所浏览的页面数量等指标。常用的统计指标包括网站的独立用户数量，即独立访客（Unique Visitor，UV）、总用户数量

（含重复访问者）、页面浏览数量（Page View，PV）、每个用户的页面浏览数量、用户在网站的平均停留时间，等等。有了足够的流量，还需要有强大的变现能力。因此，流量变现的关键在于流量集聚和变现方法。

1. 新媒体的流量来源

新媒体有着天然的建立关系的功能，而这种关系能够为新媒体平台导入流量。媒体不是单纯的传播工具，它不仅需要实现关系的量的积累，即连接的速度、数量的增长，而且需要把这些关系资源转化为自己的社会资本，就是进入连接之后就要将用户通过渠道导流到其他的产品、平台或产业上。在大数据时代，关系导流主要分为3个阶段：第一阶段是将聚集起来的用户导流至数据平台中，将各种关系进行过滤、筛选和数据化；第二阶段是将过滤后的关系和各种资源进行相互匹配，匹配度较低的资源有可能被"丢弃掉"，反之，大量闲置的资源有可能被重新激活；第三阶段就是整合渠道，将用户引流到具体的产品、平台或产业中。

导流的前提条件是用户关系要稳定，而线上的用户关系涉及网络人际关系，华莱士（Wallace）等研究者认为，网络人际关系是真实可靠的。查尔斯·伯杰的"非确定性降低学说"认为，人们在网络上通过传播互动来消除彼此关系的不确定性。因此，新媒体要尽可能创建更多的互动渠道，来加强用户之间的关系。人际关系连接的机制就是信任机制，人们彼此之间的信任越深，连接越紧密，导流度越高。

2. 流量变现的方法

通过新媒体关系的运营，用户和平台逐步建立了双向的信任，实现了高度的导流，新媒体传播价值的第三层面就会展现，媒体可以借助内容产品，实现粉丝流量变现。具体流量变现的方法各有千秋，从变现的对象看，可以分为 To B（对企业）、To C（对个人）两种（见图1-1），主要的方法可以概括为广告变现、电商变现、知识付费变现等。

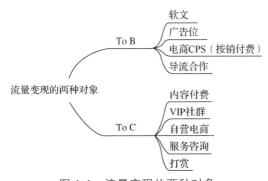

图 1-1　流量变现的两种对象

（1）广告变现

广告变现适合图文类新媒体平台，对用户体验的影响不是很大，当然这些平台最好是和广告联盟合作，进行广告匹配，如百度联盟等。这种流量变现方法具有一定的定向性，与新媒体本身内容契合，文章内容与广告互补。这是最低阶的流量变现方法，没有任何技术和数据分析，流量来源没有确定目标，假如已经拥有流量，一时找不到变现的方法，可以采取这种方法。

（2）电商变现

除了广告收益之外，有很大一部分的自媒体人、"网红"，最初是利用优质的科普、情感、生活等文章或视频来吸引大量的用户成为粉丝，在粉丝积累到一定数目时，会选择转型成为电商，如开自己的淘宝店、天猫店等。转型成为电商的基础是个人平台已经拥有优质内容和大量忠实粉丝。转型电商后的产品选择也十分重要，要适应大部分粉丝，并且在转型成为电商之后，依然要让粉丝感受到你的存在，而不是一个冷冰冰的店铺。以罗辑思维和某财经频道为代表的一些自媒体，越来越多地将目光放在实物上。例如，某财经频道曾经尝试过依托粉丝经济走电商道路，卖月饼和梅子酒，也都获得了上百万的收益。这种流量价值较高，流量目的性很强，一般都会产生消费，是高阶流量的典型代表。

（3）知识付费变现

如今更多的新媒体平台专注于内容产品和社群服务，通过付费课程和VIP社群的方式，真正实现知识变现。这是一种形式的改变，从To B转向To C来实现盈利。付费课程和VIP社群这两种方式关注的重点都是内容的质量。知识付费，首先要保证的就是内容质量要高，没有优质的内容，哪怕用户产生了消费，但是口碑会很差，直接导致消极的长尾效应。其次对平台的选择一定要准确。某种意义上，正是糟糕的免费内容太多、太杂乱，促进了人们对精品内容付费意愿的增强。

美国西北大学舒尔茨教授在整合营销传播理论中，推崇建立一体化的营销关系，新媒体平台就实现了一体化的营销关系。平台以技术为支撑，以互联网为载体，通过内容运营，影响个人的角色、情感、价值观以及消费习惯、生活方式等，实现心智定位。平台通过运用最新技术，与海量用户进行互动，随时随地为用户提供优质的服务，运营出紧密的社交关系，例如科技类的百度，社交类的腾讯QQ、微信，电商类的淘宝网、京东等。平台通过开发应用和设置功能，聚集大量的资源、技术、信息、资本，把关系产品提升到关系经济层面，吸引用户在平台上分享和交易，实现了新型的商业模式——流量变现，从而超越了传统媒体平台的传播价值。

【答一答】

生活中有哪些平台的举措是致力于培养用户关系，实现流量变现的？请举例说明。

_____

_____

三、新媒体思维

长期使用互联网之后，用户养成了新的认知习惯和思维方式，这也对新媒体平台的内容产品和服务提出了新的要求。新媒体内容要将互联网时代下的碎片化思维、平台思维等超越传统媒体的思维特质体现出来。例如碎片化思维，互联网的连接是实时的，永远在线的。无论是时间、空间、产品需求，甚至用户行为都是碎片化的。由于连接的时间短、地点多变、连接的成本也越来越低，只有碎片化的内容才更容易在大规模的用户中传播。再如平台思维，平台一边维系着内容、服务供应商，一边聚拢着用户和消费者，因此新媒体内容要能加强不同群体之间的互动，从而达成盈利目标，并利用各种关系，实现服务的增值。因此，新媒体必须突出自己的思维特质，才能更好地实现自身的价值。下面介绍新媒体中几个重要的思维。

思考问题

（1）新媒体内容产品首先要符合谁的需求？

（2）新媒体传播的目标是什么？

（3）新媒体进行泛内容传播的过程中，是基于什么样的思维特质来实现流量变现的？

（一）用户思维

科学技术的发展改变了信息传播的形式，同时也改变了用户接受信息的方式，信息传播方式的改变使受众逐步转化为用户。因此，新媒体内容的传播方式和创作导向必须从传统媒体的受众思维转变为用户思维，根据用户的接受习惯来确定传播方式和内容主题。

传统的广播电台、电视、报纸等媒体都需要高额的设备投资、庞大的组织机构和人员队伍，使得传统媒体行业具有一定的准入门槛。因此传统媒体往往无须参与市场竞争，加上原有的传播模式的限制，过去的传统媒体不太关注用户的体验。在新媒体时代，人人都可以成为"通讯社"，媒体运营的门槛降低，市场竞争更加充分，所有的媒体编创者都必须及时转变思维迎接新的挑战。

1. 用户思维的含义

用户思维主要是指站在用户的角度思考问题、传递信息，以达到用户满意为目标的思维方式。只有了解用户的属性、心理需求，为用户提供有实用价值的信息，才能吸引用户的注意力，形成有效的信息传递。用户思维需要关注用户在每一个细节的体验，例如，用户喜欢在几点观看媒体内容，一般观看时长多久，用户喜欢怎样的叙述风格，内容应当怎样编排；在传递内容的过程中，还应当关注向用户传达哪些附属的信息，以及用户是否有良好的体验。

在用户思维的指导下，不管是新媒体还是传统媒体，都要更加注重信息采编的质量。传统媒体在进行新闻事实报道的同时，要加入媒体的态度，用户更喜欢有态度的媒体，新媒体同样如此。所有的新媒体平台都需要开设用户交流互动的平台，为用户评议内容提供相应的机会，增加用户黏性。传统媒体的内容传递是自上而下的单向传递，发布的内容更多是由媒体经营者所掌控。新媒体则实现了线上线下的双向传递，让用户拥有了自己选择看哪些内容的权利，他们通常选择对自己有用或感兴趣的内容，所以新媒体编创者必须具有用户思维，才能创作出符合用户喜好的内容。

2. 用户思维与新媒体编创

在进行内容编创的过程中，新媒体编创者首先要对目标人群进行分析，了解他们的行为习惯、兴趣爱好、价值观念；然后找准创作角度，安排内容的侧重点；最后贴出与用户利益一致的标签，让用户感受到与自己的利益相关，对自己有价值。这样的新媒体才能与用户建立紧密的关系。

例如要运营一个微信群，在建群时就要分析用户加群的动机，如表 1-3 所示。

表 1-3   用户加群动机分析

加群动机	说明
联络的需要	与同事、老乡、同学、家人保持联系
工作的需要	对内通报，对外服务
交友的需要	找到同行、同好、同城的人等
学习的需要	寻求比自己更专业的人的帮助
宣传的需要	宣传自己的产品或服务
生活的需要	找到吃饭、聚会、旅游的圈子

在这 6 种加群动机中，基于与同学、老乡等保持联系加入的群维系时间也许是最长的，但这种群未必能保持活跃度。能够长期保持活跃度的群，要么是有共同兴趣的交友群，要么是有共同成长需要的学习群。如樊登读书孵化出的成长型社群——"十万个创始人"，聚焦在传统商业模式下寻求突破和改变的创业者，希望通过打造深度的学习和链接来让这群创业者获得真正意义上的改变与成长。从"十万个创始人"中走出的成功创业者，会成为下一批行业风口的弄潮儿，为社群带来更多行业助力和资源支持。由于有共同的文化和价值观，群内一直充满了正能量。

【答一答】

新媒体内容产品首先要符合谁的需求？这样的选择标志着新媒体编创者首先要具备什么样的思维？

_____

_____

（二）传播思维

传统的媒体理论认为，把信息传达给受众就是传播。美国西北大学舒尔茨教授在整合营销传播理论中指出：整合各方面的信息、活动、利益点吸引用户，促使用户消费行为的产生，就是通过信息传播进行营销。所以，互联互通的时代，传播信息只是传播作用的一部分，传播更重要的是让媒体和用户建立关系，形成经济层面的连接，发挥传播的营销价值。所以，新媒体需要改变传统媒体对传播思维的认识，建立新型的传播思维。

1. 传播思维的含义

什么是传播思维？——把内容当作产品来经营。在营销活动中，企业要根据用户需求来提出产品的卖点，选择销售渠道。在销售活动中，企业要确定推广策略和品牌定位，在销售之后要维护与用户的关系。这种理念在新媒体创作中，具有同样的逻辑。新媒体编创者在选题策划的过程中，要能够找准用户的兴奋点和痛点，激发并满足用户的潜在需求，从消除或缓解用户痛点的角度，安排内容，将自己的内容当作一种品牌进行包装、推广，创造出差异化价值，让创作出来的作品与众不同，并吸引具有相同价值倾向的用户。同时，新媒体编创者要保持对用户的密切关注，逐步积累更多的粉丝，从而实现竞争优势的最大化。

新媒体不是信息的垄断者，以我为中心的传播姿态会让媒体失去生存的土壤。每个媒体应当重视和用户之间的互动，吸引属于自己定位的用户群体，拥有高质量的粉丝才能拥有发展的资源和机会。过去，传统媒体向公众传递信息，采用的是以一对多的方式，公众是信息的被动接受者，信息传播的效率远不如新媒体时代。用户与传统媒体的互动还不便捷，只能通过来电与信函反馈对内容的意见。但在新媒体时代，用户获取信息的方式更加多元化，信息获取渠道更加丰富，新媒体编创者必须强化传播思维，通过与用户进行有效的互动实现最终的营销目的。

2. 传播思维与新媒体编创

在媒体融合发展的趋势之下，媒体的编创者不只是一个把关的角色，同时也是一个经营者的角色，必须将原有的编辑思维转换为产品思维，编创及生产、提供内容产品，把信息传达建立在和用户进行关系转换，建立内容产品心智定位的高度。对于媒体行业来说，内容就是产品，节目就是工程，媒体人要像互联网行业的产品经理一样分析用户需求，制定产品设计方案，收集用户反馈，不断改进产品。制作优质内容是媒体编创工作的目标，同时也是媒体行业的核心竞争力。如电视台或网络上的综艺节目，常常与微博热搜相联系，以此达到提升节目知名度、增强用户黏性的目的。

传播思维要求每一个媒体人，必须串联传播的每一个具体环节，对内容进行全面的梳理和分析，广泛听取用户的意见，不断改进内容产品，服务用户需求，并不断调整自己的传播内容，同时学习各种表达方式，传递媒体的价值取向，以此获得更多用户的认可。

【答一答】

新媒体内容为什么要持续关注用户的痛点，并且能够解决用户在日常生活中的一些问题？

_____

_____

（三）共享思维

互联网技术带来了点对点的连接，促成了用户及资源的匹配、用户角色的转换、用户间的协作等用户需求与相应资源的连接利用，也促成了用户之间基于经济目标形成的新关系，共享经济由此出现。共享经济追求的是一种能够实现公平共享财富的理想制度；而互联网共享经济则衍生出共享的消费方式和商业模式，是一种能够物尽其用、节约社会资源、符合社会未来发展的新经济形态。

互联网共享经济带有更加浓厚的电商色彩。图 1-2 所示的互联网共享经济模型是针对互联网出现后传统购物行为的变化总结出来的一种新的消费者行为模式，这种模式在新媒体中也得到很好的体现。新媒体为人们提供了自由、开放、共享的平台，不管物质还是精神的信息，新媒体平台都可以通过用户的分享、评论及转发等活动，实现传播效果的最大化。通过与用户共享，建设信任关系，新媒体成为用户生活上的帮手、精神上的朋友。因此，新媒体本身就适应共享经济的需要，具备共享思维的基因。

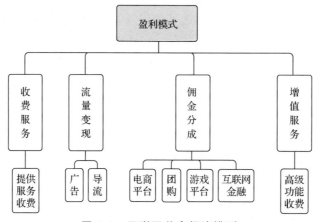

图 1-2　互联网共享经济模型

1. 共享思维的含义

共享思维就是把用户当作朋友来对待，共同分享内容。在内容生产等领域里出现的 Wiki（多人协作的写作系统）、众包等，都是一种共享形式。这当中，被共享的不是有形的资源，而是内容或认知这样无形的资源。当内容共享的现实向深层发展时，共享思维也开始出现。

2. 共享思维与新媒体编创

怎样让共享思维落实到新媒体编创，让共享平台持续发展？这需要两个方面的生产，一是社群的内容生产，二是社群成员形成的"内容共同体"的内容生产，两者并行，才能为"内容"转化为"经济"做出更全面的铺垫。

（1）社群的内容生产

随着互联网的发展，分享和协作的成本大大降低，那些受过教育并拥有自由支配时间的人，利用丰富的知识背景和强烈的分享欲望，将自由的时间汇聚在一起，充分利用，从而变成一种资源。这种资源一般叫作"认知盈余"。而社群的内容生产就是要将用户的认知盈余资源开发出来，并且让供需合理匹配。如果想要让一群人持续贡献自己的认知盈余，只靠他们的内在动机是不够的，需要搭建拥有完善协作机制的网络共享社群。对于内容共享来说，用户的认知盈余是一个基础，也是其能量来源。但认知盈余的发现、发掘，并不仅仅取决于用户本身，还取决于平台。要从内容共享上升为内容付费，不仅要通过机制实现认知盈余的发掘，还需要为内容生产者的认知盈余找到出口，也就是在内容的供需双方建立起连接。用户的需求刺激，也会反过来推动内容生产者的认知盈余开发。内容生产者除了通过数据分析来了解用户的需求外，还需要在心理层面了解用户对内容的渴求。

（2）"内容共同体"的内容生产

用户的内容生产动力不仅来自于他们的认知盈余，也来自他们对社群的关系需求、归属感及文化认同。内容共享和内容付费社群的内在秩序的形成，往往依靠"自组织"机制，但自组织的形成不只是取决于用户的自发互动，也需要平台制度的内在引导。好的内容分享社群在自我进化的过程中，也会形成社群的文化。社群文化能体现成员的共同价值观、文化趣味，使成员产生更多的亲密感与认同感，这不仅有助于提高用户的黏性，更可以使用户从产品的被动使用者变为产品文化及社群文化的建设者，共同拥有关系连接带来的共享信息、协调行动、集体决策等社会资本。

【答一答】

你关注的共享产品分别采用了什么样的方法来产生经济效益？

_____

_____

四、新媒体编创核心技能

麦克卢汉曾经指出："媒介即信息。"新媒体技术的出现不仅改变了信息传播的方式，还改变了信息传播的内容。这对新媒体的编创岗位从业人员提出了更高的能力要求。因为无论是团队还是个人，输出内容的优劣直接关系到平台的兴衰。那么新媒体编创岗位需要具备哪些核心技能和职业素养呢？

思考问题

（1）新媒体编创者需要具备哪些核心技能，才能确保优质内容的输出？

（2）新媒体编创者需要具备哪些职业素养？

（一）工作能力

通常，岗位的工作能力包含对工作内容、流程的熟知，以及具体方法与技巧的掌握。新媒体编创者，需要履行的职责包含以下几个主要的方面：负责新媒体平台内容的日常维护、审核更新；对各个平台的数据进行分析，挖掘用户习惯，把握用户需求和痛点、社会热点，进行选题内容和主题活动的策划；负责提供具备优质传播价值的图文或音视频内容；掌握多媒体内容的制作方法，保证内容的定时发布。简而言之，工作能力分为三大部分：选题策划能力、文案写作能力和编辑发布能力。

1. 选题策划能力

新媒体的创作过程和传统媒体的创作过程相比，思维方式和追求目标发生了颠覆性的改变，不再强调用自己的真情实感获得用户的共鸣认同，而是想用户所想，为用户所用。用能贴近用户需求的内容，吸引用户的目光，满足他们的物质或精神需求，让用户多级传播或使用、消费才是最终目标。

（1）选题的思考

新媒体中的内容带给粉丝的福利，都是通过提升内容的阅读、收听、观看人数来实现的。那么如何提升单篇文章的阅读量或单个音频、视频的收听或观看人数，这就需要利用大数据分析，将自己的内容建立在科学的选题策划的基础上，同时运用新型的传播思维进行创作输出。俗称的内容选题"八段锦"包括以下方面。

① 本选题希望达到什么目的和效果？

② 目标用户是哪些人？他们的人文特征及心理特征是什么？

③ 希望目标用户看了内容激起何种想法，采取什么样的行动？

④ 内容的定位和特点是什么？

⑤ 定位的支持点以及任何有助于发展创意的信息是什么？

⑥ 内容要给用户什么样的利益？承诺利益是吸引用户的灵魂。

⑦ 内容要表现什么样的格调？

⑧ 内容发布媒体的特点是什么？

（2）培养选题策划能力

新媒体内容的选题策划与传统媒体的创意策划有着明显的区别。大数据强大的功能为编创者奠定了对用户需求的锚定。无论多么简单的文案，最终定稿的背后都包含着相关的数据调查、目标用户的分析、头部"爆品"的分析、内容自身卖点的提炼、内容呈现方式的选择等工作，这一系列的工作都可以称为新媒体内容选题策划。选题策划决定了新媒体内容的质量。

① 建立自己的领域知识库

每个账号都会有自己的内容领域，要做好内容策划，自然需要对这个领域有全面的认知。如写自媒体干货的，要去研究自媒体领域的相关知识。自媒体有多少个平台，平台的盈利模式是什么，自媒体运营的基础是什么，诸如此类的问题，要心中有数，脑海中要有一个关于该领域的知识库。只有知识完备，才能筛选与鉴别内容。

那么领域的知识库要如何建立呢？最简单的办法就是用关键词在搜索引擎中进行搜索，了解一些大致要点。这里需要注意的是，一定要关注相关的用户搜索，一般人们对某事有疑惑就会选择用搜索引擎进行搜索，编创者可以从这些搜索记录中了解该领域的用户关心的问题是什么，这些都可以作为选题。

编创者还可以通过问答平台，如知乎等收集问题，同时也可以搜集答案与回答者的思路，做好笔记；也可以通过一些专业的数据工具搜索资讯，如易撰，它有各大自媒体平台的实时资讯库，数据多，更新及时，领域齐全，并且通过一个关键词就可以同时查看到不同平台的相关资讯，省时省力。

② 学会拆分选题

在建立了自己领域的知识库后，编创者还要懂得拆分选题。自媒体文章不提倡篇幅过长，每篇文章最好是从一个小点去切入，这就需要进行选题拆分。例如，服装领域的自媒体，可以选择的主题有颜色搭配、穿搭风格等，而颜色搭配又可以拆分为同色系搭配、混色搭配、暖色调搭配、冷色调搭配等。这几个小点都是可以单独编辑为一篇文章的，这样选题自然就丰富了。此外，还可以从同行、热门、实时资讯等途径去获取选题。

他山之石　　　　　　　"爆款"选题的共同属性

一般来说，"爆款"选题通常具备以下三大共同属性。

（1）满足"人性公约数"

那些"爆款"文章通常利用了人性的某一方面，通过洞察人性刺激用户打开文章甚至转发。"洞察人性"是正确的，但哪些人性真正适用于打造内容呢？专业人士认为人性分为私密性和社交性两种人性。观察发现，私密性人性的特点，是内容比较私密，人们通常不愿意公开传播；社交性人性的特点，是内容比较轻松、有趣，人们乐意分享。因此，满足社交性的人性特点也就是人性公约数，是"爆款"选题的属性之一。

（2）信息密度适中

当用户从一篇文章中所获得的信息与大脑里储存的内容形成映射时，他们就能在这条信息中找到快乐。相反，如果文章信息密度过低，都是些老生常谈、众所周知的内容，用户没有新奇感；或文章信息密度过高，用户理解、消化成本高，就容易导致用户注意力的流失。

（3）做情绪的操盘手

在2016年的夏天，"刷爆"朋友圈的"爆款"选题是"逃离北上广"。这篇文章发出来后，迅速引"爆"朋友圈，一个多小时达到了百万阅读量。由于免费机票名额与心中的情怀交合，无数人涌向了机场！这个案例就是利用了北上广的奋斗者们内心深处的压力、焦虑、愤怒、悲伤和沮丧等诸多情绪，这些情绪促使他们有那么一些时刻，想要逃离这座爱恨不能的城市。

除了通过大数据进行分析，日常的洞察也是必不可少的，只有结合了现实进行洞察，创作出的内容才能鲜活生动。什么是洞察？专业人士下的定义是，洞察是所有人都知道，但没有人提及的事实真相。故而，优秀的热点海报/文案，至少在"品牌"和"热点"的某一端是有洞察的。那么，如何"洞察"呢？我们可以通过回忆生活场景、利用搜索引擎查关键词、和朋友聊天、看同期案例等方式进行"洞察"。

2. 文案写作能力

新媒体编创者的另一个重要工作就是写作文案，进行内容输出。写作文案时不能闭门造车，否则成功的概率非常低，甚至所写的与想要表达的内容背道而驰。在这个信息爆炸的时代，写出的内容如果不能第一时间吸引用户的注意力，整个文案就会被忽略。所以，文案的内容必须触及用户感兴趣的热点和痛点，而且要有亮眼的标题，这样才能吸引用户的注意力。同时，内容的结构要符合用户的习惯，且具备真实和精彩的特征，这样才能提升阅读量。

（1）文案的内容组织

综合各类平台的头部编创者的"爆款"内容，我们基本可以发现，阅读量10万次以上的作品都符合这样的内容构成方式：热点+垂直领域+痛点。

所谓热点指各大平台相应垂直领域目前的热门内容。例如，某亲子教育类公众号总结出以下可以写作的热点内容。

① 知名人士的育儿经验很容易吸引眼球，这是当下的热点，也是用户的兴趣点。

② 给社会带来巨大变革的政策能够带来相当大的关注度。例如，近几年的三孩政策。

③ 女性发展类内容也是当下热点。该类主题主要是鼓励女性发展事业、重新思考女性的价值。

所谓痛点指用户存在的需要解决的问题。例如，某亲子教育类公众号对现实和未来的场景进行构思，发现随着季节、社会发展等变化的生活场景中的痛点是最贴近用户的，将这些痛点加入选题更能吸引用户的眼球。例如：

①《姹紫嫣红总是春？小心！宝宝可能已经"糊一脸"了》，看了该篇文章，年轻的父母可能会在春季及时关注自己宝宝的体质，做好相应的预防措施，防止孩子出现春季花粉过敏的情况。

②《时隔15年，我终于拿回了第一》《如果公司不要我了？没关系，我可以挣得比上司多》，这样的文章对于婚后女性来说，最重要的是让她们看见可能性。这能让她们不围于一日三餐、老公和孩子，而有信心去追求经济独立、人格独立。所以，这样的文章会让婚后女性、年轻妈妈对重返职场拼搏重拾信心，即使遇到挫折，也不会陷于焦虑之中，找不到出路。

文案内容能够关注热点和痛点只是基本要求。新媒体时代，文章的标题甚至直接决定了文章的"生死"，因为文章标题决定了用户是否会打开文章。所以，即使文案内容是用户关心的，和用户利益相关的，能够满足用户需要的，但在标题当中没有显示，也有可能失去用户的关注。能够产生较好效果的标题往往对应着用户的关注点、生活习惯、地域、工作内容等，和目标用户的相关性较强。

文案内容应当从心理的角度分析和用户相关的信息，才能够引起用户的代入感，产生共鸣。例如《谁说婆婆不如妈，这个婆婆却让儿媳感动哭了》，这样的标题对用户就有一定的冲击力。

（2）文案的结构设计

文案创作不仅涉及内容的创意，还涉及内容的结构。一般编创者的想象力相对丰富，感性思维和发散性思维使用得较多，这样能迅速导出文案的创意，但在内容输出过程中则会导致内容逻辑不够清晰流畅，导致新媒体用户阅读理解有难度。所以，许多新媒体文案教程中会介绍许多著名公司都在使用的逻辑思维方法——金字塔原理。

金字塔原理（见图1-3）其实就是"以结果为导向的论述过程"，或是"以结论为导向的逻辑推理程序"。其中，愈往金字塔上层的论述价值越高。此外，根据归纳法与梅切原则，支持结论的每一推论之间均保持"相互独立，完全穷尽"，且构成每一层的推论之间也满足"相互独立，完全穷尽"。

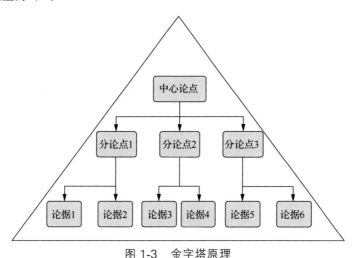

图 1-3　金字塔原理

金字塔原理有以下 3 个特点。

① 金字塔原理是以结论为导向的推论过程。

② 金字塔原理大量运用归纳法（感性）与演绎法（理性），以加速推论过程。

③ 金字塔原理的解构过程即是梅切原则的运用过程。

金字塔结构其实就类似说明文的"总分总"结构，把重点的结论先说明清楚，突出文章的主题诉求点，或在结尾部分强调升华。

不同类别的新媒体内容，需要写作的文案样式也有很大的区别。图文类的新媒体内容需要大段文字，配上优美而富有创意的图片来构成整个内容。而短视频和直播类的新媒体内容则需要不同的脚本和相应的台本。不管是哪一种类型的内容，都必须有能够吸引用户注意力的标题和用户关注的热点与痛点。

3. 编辑发布能力

新媒体编创者需要完成新媒体内容的选题策划、信息采集、编辑、创作、审核、发布、扩散等一系列工作。但编辑的内容不只有文字，还有图片、音频、视频，甚至漫画。除了创作内容之外，编创者有时也需要转发其他平台的相关文章。这就对编创者提出了以下要求。

（1）具有网感，即具有敏锐的网络感知能力和洞察力。新媒体编创者应该对当下的网络流行趋势具有把控能力，能够根据相关信息判断热点，采集素材完成原创；能判断相关转发内容是否符合自己平台的调性，能否扩大平台的流量。

（2）要了解编辑的规则，熟知相关网站并能灵活使用各种工具。例如，图片素材网站——花瓣网、千图网等；图片编辑工具——Photoshop、创可贴、美图秀秀等；排版工具——135 编辑器、秀米等；H5 编辑器——易企秀等。

（3）具备数据分析及策略制定能力。编创者虽然不是运营，但对内容发布之后的粉丝反馈要有一个整体的把控，了解数据变化背后反映的信息。如果市场用户反馈不好，编创者要能够及时调整内容的发布策略和具体战略。

上文提到的数据包括以下 3 种。

基础数据：阅读量，点赞数，打开率，留言率，分享率。

用户数据：用户属性，用户画像，用户习惯，用户标签，用户需求。

业务数据：粉丝转化率，阅读转化率，打开转化率，购买转化率等。

（4）了解算法及推荐机制，选择固定发布时间。不同的平台有不同的侧重领域，因此，新媒体编创者要根据自己所在平台的算法，推出相关领域的内容，要尽量在一个固定的时间发布内容，让用户形成习惯。一般来说，16：00—20：00 是很"火爆"的发布内容的时间，很多平台的大号会在这个时间段发布内容。

编创者在学习初期，可以先参考垂直领域大号的发布时间。后期，账号经过一段时间的运营，拥有一定粉丝基础后，可以根据粉丝的生活习性，选择最佳发布时间。但一些特殊情况下需要灵活地安排发布时间。例如：内容比较特殊，需要借热点发布。不同平台的账号，在发布时间上可以关注用户的使用方式和习惯。例如：抖音最佳发布时间一般在上下班早晚高峰前后、中午休息时间，以及晚上休息前。

【答一答】

新媒体的内容必须是能够引起用户兴奋的热点内容和解决用户痛点的内容。通常我们用什么样的方式，才能获得垂直领域用户当前关注的热点和痛点？

_____

_____

（二）职业素养

作为新媒体编创者，成熟的标志是能够成功策划选题、写作文案和及时编辑发布内容。因此，每一个编创者需要具备较强的资源整合能力，能搜集大量的数据资料进行分析，准确捕捉用户的兴奋点和痛点；展开丰富的联想和想象，具有活跃而又独特的创意，从最专业的角度、用最有效的表达方式提供给用户需要的内容。为了完成这样的工作，编创者必须不断学习新的科学知识与技术，不断创新，促进专业水平的提升，同时还要善于与他人沟通协作。因此新媒体编创者要做到可持续发展，具备个人专业价值，必须具备三大核心职业素养：持续学习的热情、创新精神及团队合作意识。

1. 具备持续学习的热情

新媒体是一种建立在数字技术和网络技术上的互动式数字化复合媒体，正是知识和技术的不断更新，才使其具有形式丰富、互动性强、渠道广泛、覆盖率高、到达精准、性价比高、推广方便等特点，在现代传媒产业当中占据越来越重要的位置。因此要想适应行业日新月异的发展，新媒体编创者必须具备持续学习的热情，不断学习新技术，不断掌握新知识。

随着网络及 AI 技术的不断成熟，VR 技术同数字媒体不断融合，数字技术重塑媒体格局也只是时间问题。所以，新媒体编创者的系统学习和再教育是必不可少的；即使在新媒体职业中已经有了不错的案例或业绩，不断提升自身的能力也是一种长期的、必须持有的态度。编创者可以学习大数据的知识，因为新媒体积累了大量用户和用户行为数据，这些数据可以成为用户分析的大数据基础。大数据不是一个概念数据，而是十分重要的资源和资料，是新媒体的核心资源，它不仅可以作为新闻报道的重要内容，还是媒体统计及确定战略方向的重要依托。

2. 具备创新精神

一位媒体人曾经说过："没有所谓的新媒体，只有不断创新的媒体。"创新是新媒体与生俱来的基因。无论使用新技术，还是生产新内容，都要求新媒体编创者提出有别于常规或常人思路的见解或做法。新媒体编创者要能利用现有的知识和技术，在特定的环境中，为满足社会需求，而改进或创造新的事物、方法、元素、路径、环境。

随着中国新媒体行业的迅速发展，除了各类官方媒体，各行各业的普通个体也涉足其中。从纪实、"鸡汤"、知识到柴米油盐等领域都有图文、短视频和直播的一席之地。但是从目前来看，这些内容最大的问题就是容易抄袭、重复，内容没有价值。如何提高新媒体的内容价值，给用户提供合适的内容，是每个新媒体编创者应该树立的目标。新媒体编创者还需要有决心，具备扎实的理论知识，具备实践能力，真正成为术业有专攻的社会化媒体人。

3. 具备团队合作意识

创业或转型的初期，个人或 2～5 人的小团队都可以运营。发展到今天，可能很多新媒体团队运营的微信账号数量并没增加，但团队人数在不断增加。因为新媒体从最初的荒漠原野，变成了喧嚣繁华的都市，要求内容更加精致，形式更加丰富，分工更加明确，所以只有团队合作才能获取不同赛道的竞争力。

人都有上进心，团队可以营造一种工作氛围，使成员都不自觉地要求自己进步，力争在团队中做到最好。这样个人才能产生工作的积极性，激起更强的工作动机，提升整个团队的效率。

同时，团队合作有利于激发新颖的创意。团队至少由两个或两个以上的个体组成。三人行，必有我师。每个人都有自己的优点及独创的想法，团队成员的多元化，有助于产生不同的想法，有助于在决策时集思广益，产生更好的方案。

团队合作可以完成个人无法独立完成的大项目。很多大的项目或大的作品不是一个人能够独自完成的。一个人无论多么优秀，多么有才华，也难以把全部事情都做尽、做全、做大。多人分工合作，将团队的整体目标分割成许多小目标，然后再分配给团队的成员一起完成，这样可以缩短完成目标的时间，提高效率。团队与一般的群体不同，团队的人数相对比较少，这种情况有利于减少信息在传递过程中的缺失，便于团队成员之间的交流沟通，提高成员参与团队决策的积极性。

【答一答】

新媒体编创者熟练掌握了选题策划、文案写作、编辑发布的技能后，是不是就可以持续地做好自己的工作了？新媒体编创者在工作中还需要不断提升哪些方面的素养？

_____

_____

自我检测

一、单选题

1. （　　）是新兴媒体形成的核心和关键。
   - A. 数字技术
   - B. 互联网技术
   - C. 移动通信技术
   - D. 以上均是

2. 下列平台属于自媒体平台的是（　　）。
   - A. 中央电视台
   - B. 新闻联播
   - C. 微信公众号
   - D. 人民日报

3. 如果把新媒体的分类标准设定为内容的呈现形式，下列选项中属于新媒体的是（　　）。
   - A. 图片
   - B. 文字
   - C. 视频
   - D. 以上均是

4. 新媒体传播的内容都有各自存在的价值，（　　）是最为本质的。
   - A. 心智定位
   - B. 关系运营
   - C. 流量变现
   - D. 电子商务

5. 互联网技术发展带来媒体传播思维的巨大转变。下列选项中不具备新媒体特质的思维的是（　　）。
   - A. 用户思维
   - B. 大众思维
   - C. 营销思维
   - D. 共享思维

6. 新媒体编创岗位需要具备的核心技能是（　　）。
   - A. 选题策划
   - B. 工具使用
   - C. 文案写作
   - D. 编辑发布

二、多选题

1. 涉及新媒体管理的行政部门有（　　）。
   - A. 国家互联网信息办公室
   - B. 国家市场监督管理总局
   - C. 文化和旅游部
   - D. 科技部

2. 以下属于新媒体传播特征的是（　　）。
   - A. 互动性
   - B. 娱乐性
   - C. 即时性
   - D. 失真性

3. 新媒体平台可以实现（　　）的目标。
   - A. 销售产品
   - B. 提供服务
   - C. 拓展人脉
   - D. 成长提升
   - E. 打造品牌

4. 新媒体内容应从（　　）方面培养用户习惯。
   - A. 培养下意识
   - B. 心理暗示
   - C. 用鼓励去刺激
   - D. 利用固定的活动

5. 目前在新媒体短视频领域，流量排在头部的平台有（　　）。
   - A. 微博
   - B. 抖音
   - C. 微信
   - D. 快手
   - E. 简书

6. 编创岗位日常工作中需要完成（　　）的任务。
　　A. 编辑排版　　　B. 查看数据　　　C. 更新内容
　　D. 搜集素材　　　E. 定时发布

三、判断题

1. 新媒体是在传统媒体的基础上更新技术设备形成的新的媒体平台。　　（　　）
2. 新媒体的编创工作等同于新媒体运营者的工作。　　（　　）
3. 新媒体平台的调性是固定的，所以平台的表现形式也是相对固定的。　　（　　）
4. 各个平台的粉丝流量并不一定需要很多，有些平台具有自己的特点，所以人不在多，活跃就好。　　（　　）
5. 用户都喜欢关注新鲜的内容，所以写新媒体文案时只要紧紧扣住社会热点就能够吸引用户。　　（　　）

四、名词解释

1. 媒介

2. 自媒体

3. 流量变现

4. "标题党"

5. 金字塔原理

五、简答题

1. 判断一种媒体形式是否为新媒体的核心依据是什么？

2. 车载移动电视、户外媒体、楼宇电视是不是新媒体？为什么？

3. 自媒体的判断依据是什么？

4. 什么是新媒体的关系运营？

5. 为什么新媒体时代传播者必须具有共享的思维特质？

6. 新媒体文案写作的核心是什么?

六、论述题
如何做好新媒体用户画像?

七、综合题
1. 表 1-4 中,哪些属于新媒体?请在对应的选项后划"√"并说明原因。同时,列举自己接触到的以上媒体形式的文案各一篇。

表 1-4　　　　　　　　　　　　媒体形式

媒体形式	属于新媒体	说明原因
微信		
江苏音乐电台		
读者		
今日头条		
陈翔六点半		
光明日报		
中央电视台		

2. 请阅读"阿芙精油的绩效考核方式"案例,谈谈阿芙精油用的是哪种互联网思维。

阿芙精油的绩效考核方式

阿芙精油有一个奇怪的绩效考核方式:没有明确的绩效指标,全靠"奖励"。它虽然是一家化妆品公司,但运营模式更像一家游戏公司。

一次,阿芙精油要在淘宝网首页投一个焦点图,创始人孟醒让大家预测焦点图的点击量,预测结果最接近的员工有一次扔飞镖的机会。靶上的数字为 1~500,如果扔到 500,当月工资就可以加 500 元。2011 年,他贴出告示称只要销售业绩过了 1.1 亿元,就请所有员工去一趟马尔代夫。结果那年阿芙精油的销售额达到 1.3 亿元,为此孟醒自掏腰包 400 多万元请大家出国旅游。

他还让员工自己定业务奖品,如果员工达成业绩,都能拿到想要的奖品。甚至有员工在公司论坛上说喜欢吃鼎泰丰的包子,当这位员工达成目标后,就真的得到一张鼎泰丰的年卡,可以在一年内无限次享用鼎泰丰的包子。在众多的奖品中,价值最高的甚至是一辆奔驰轿车。

　　当然，阿芙精油也有惩罚机制，但从不罚钱，也没有固定的惩罚措施。与奖励方式一样，员工可以自己提出惩罚建议。例如，没达成绩效指标的小组成员每人要吃一瓶海南最辣的小尖椒或吃臭豆腐配榴莲……虽然号称是惩罚，但大家都玩得很开心，这激发了团队的凝聚力，非常符合"85后""90后"把"工作当游戏"的绩效模式。

　　有一段时间，微博上曾出现了一组"秒杀Google办公室"的工作场所图，顿时成为热门话题。当大家都在猜测这是哪家科技巨头的超级办公室时，结果却出人意料——这正是阿芙精油的办公室。这一被称作"最美办公室"的地方更像一个游乐场，透露着浓烈的文艺范儿：上楼有攀岩墙，下楼有滑梯和消防员滑竿；茶水间有可乐机；会议室藏在密室中。孟醒还花重金营造了一个恒温恒湿的热带雨林，甚至专门开辟了一间办公室作为胶囊旅馆，员工困了可以进去"带薪小睡"。

　　孟醒还抓住了"85后""90后"有很多"吃货"的特点，专门聘用了曾在万豪酒店和私人会所掌厨的大厨为员工做餐点，但这不是无偿的。公司会根据表现和业绩向员工发放消费券。晚上只要过了6点，每人都有加班晚餐。为了吃好，很多员工心甘情愿地留下来加班。到了周末还有露天烧烤、免费美甲，这些都充分满足了年轻员工追求愉快工作氛围的心态。

　　阿芙精油虽然没有明确的KPI（关键绩效指标），但通过营造员工喜欢的氛围，让员工拥有很强的归属感，成本其实比直接给加班费还低。

项目实施

一、项目导入

苏州方向文化传媒股份有限公司成立于 2009 年，并于 2017 年 11 月 28 日完成新三板上市。公司专注于影视内容制作与研发、直播服务、短视频新媒体矩阵运营三大板块，主要产品为影视广告、微电影、企业宣传片、网剧、纪录片、专题片、大型演艺活动和赛事的录制与直播、新媒体运营、微视频、音乐 MV 等。公司目前设有影视事业部、直播事业部、新媒体与品牌事业部、策划部、调色部、投标部、客户部、财务部、综合管理部。

为了适应新媒体行业发展的现状，苏州方向文化传媒股份有限公司与苏州经贸职业技术学院数字传媒艺术设计专业合作，按照行业急需的岗位分析其所需要的核心技能，通过"项目导向、任务驱动"的形式训练学生的技能，培养学生成为专业的新媒体编创者。

二、实施目标

本项目是为了让学生通过公司真实的项目案例，初步了解新媒体概念的由来、概念的内涵，新媒体产生的原因，发展的过程；通过对产生原因的了解，学生进一步认识新媒体发展的现状、新媒体的类型和传播的特点；尤其要认识到当前新媒体在社会生活中的传播价值，从而在今后的工作和事业中，能够依照新媒体的传播思维实现新时代的传播目标；在分析了解的基础上，学生逐步认清新媒体作为新兴的传媒领域，需要具备哪些专业知识和职业能力；掌握新媒体内容选题策划、文案撰写的方法和技巧，学习新媒体内容的编辑发布的专业知识，培养对应的操作能力。

三、实施步骤

首先完成知识准备部分内容的自学，了解新媒体发展的历史和现状，熟悉当前新媒体的类型、特点等基本内容，掌握新媒体发布相关的法律法规。

课中要求将掌握的知识技能，采用分组讨论、自主研习的方法依次进行训练，以巩固新媒体认知，进一步加强对新媒体传播规律的理解，为下面具体的项目实施打下坚实的基础。

训练采用线上和线下混合的方式进行，学生以小组为单位协同合作，运用新媒体网上的案例或平台辅助软件，共同完成本项目的认知、操作任务。

每项任务的开展都要求学生以思维导图和图文表格或文本的方式呈现。小组的同学集思广益，互相评价，共同完成学习任务。

四、任务分析

学生作为公司新媒体编创岗位的员工，在初入职场时，必须掌握一定的知识和技能。

首先，熟悉新媒体，特别是公司的新媒体平台、公司平台建设的目标、平台主要的用户，不同平台的定位和特点。其次，了解整个新媒体的工作流程以及思考问题方式、创作具体内容的思维方法和写作方法，力争实现平台的传播价值。最后，有针对性地分析自我从知识结构到实践技能方面距离岗位要求有哪些缺失，并通过学习不断提升自己的岗位能力。

任务一　认知公司的新媒体业务 ↓

子任务 1

（一）任务描述

学生以小组为单位，熟悉公司的基本情况，完成公司新媒体建设的目标用户调研。

（二）方法步骤

（1）学生 7 人为一组，各自在网络上浏览苏州方向文化传媒股份有限公司的网站，熟悉公司的基本情况及业务板块。

（2）结合公司业务板块，进行公司目标用户调研实训。

（三）实战训练

根据调研内容完成表 1-5。

表 1-5　　　　　　　　　　　公司目标用户调研

调研项目（示例）	结果	分析
公司所属地区特点		
公司业务种类		
目标用户类型		
目标用户消费习惯		
目前用户使用的新媒体平台		
使用过程中有何反馈		
目标用户爱好		
其他 1		
其他 2		
其他 3		
其他 4		
其他 5		

（四）评价总结

小组内同学根据调研情况进行讨论评议，再由教师或企业导师点评总结。

子任务2

（一）任务描述

搜索公司新媒体平台，阅读各个新媒体平台内容及表现形式，尝试为公司新媒体进行用户画像分析。

（二）方法步骤

（1）搜索公司新媒体平台，了解各个新媒体平台的内容及表现形式，抓取相关数据。

（2）在分组讨论公司新媒体用户的基础上，尝试归纳公司新媒体用户特征的关键词。

（三）实战训练

完成公司新媒体用户画像的文字描述（贴标签）。

（四）评价总结

小组内同学根据学习情况进行讨论评议，再由教师或企业导师点评总结。

他山之石　　　　如何做用户画像分析

用户画像就是根据用户特征、业务场景和用户行为等信息，构建一个标签化的用户模型。简而言之，用户画像就是将典型的用户信息标签化。

在金融领域，构建用户画像很重要。例如，金融公司会借助用户画像，采取垂直或精准营销的方式，来了解用户、挖掘潜在用户、找到目标用户、转化用户。

以某公司智投产品活动为例，建立用户画像可以避免大量浪费钱的运营行为。经过分析得知，出借人A的复投意愿概率为45%，出借人B的复投意愿概率为88%。为了提高平台成交量，在没有建立用户画像前，我们可能会对出借人A和B实行同样的投资返现奖励，但分析结果是只需要激励出借人A，这样就节约了运营成本。此外，在设计产品时，我们也可以根据用户差异化分析去做针对性的改进。

对产品经理而言，掌握用户画像的搭建方法，即了解用户画像架构，是做用户研究前必须做的事。

一、收集数据

收集数据是做用户画像分析中十分重要的一环。用户数据来源于网络，而如何提取有效数据，如打通平台产品信息，引流渠道用户信息，收集用户实时数据等，这也是产品经理需要思考的问题。

用户数据分为静态数据和动态数据。一般而言，公司更多是根据系统自身的需求和用户的需要收集相关的数据。

数据收集主要包括用户行为数据、用户偏好数据、用户交易数据的收集。

以某跨境电商平台为例，收集的用户行为数据包括活跃人数、页面浏览量（PV）、访问时长、浏览路径等；收集的用户偏好数据包括登录方式、浏览内容、评论内容、互动内容、品牌偏好等；收集的用户交易数据包括客单价、回头率、流失率、转化率和促活率等。收集这些指标性的数据，方便对用户进行有针对性、目的性的运营。

我们可以对收集的数据做分析，让用户信息标签化。如搭建用户账户体系，自建立数据仓库，实现平台数据共享，打通用户数据。

二、行为建模

行为建模就是根据用户行为数据进行建模，对用户行为数据进行分析和计算，为用户打上标签，可以得到用户画像的标签建模，搭建用户画像标签体系。

标签建模主要基于原始数据进行统计、分析和预测，从而得到事实标签、模型标签与预测标签。

标签建模的方法来源于阿里巴巴用户画像体系，广泛应用于搜索引擎、推荐引擎、广告投放和智能营销等领域。

以今日头条的文章推荐机制为例，首先，机器分析提取关键词，按关键词贴标签，给文章打上标签，给受众打标签；接着内容投递冷启动，通过智能算法推荐，将内容标签跟用户标签相匹配，把文章推送给对应的人，实现内容的精准分发。

三、构建用户画像

用户画像包含的内容并不完全固定，不同企业对于用户画像有着不同的理解和需求。根据行业和产品的不同，企业所关注的用户特征也不同，主要包括基本特征、社会特征、偏好特征、行为特征等。

构建用户画像的核心是为用户打标签，即将用户的每个具体信息抽象成标签，利用这些标签将用户形象具体化，从而为用户提供有针对性的服务。

用户画像作为一种勾画目标用户、联系用户诉求与设计方向的有效工具，被应用于精准营销、用户分析、数据挖掘、数据分析等。

总而言之，用户画像的根本目的就是寻找目标客户、优化产品设计，指导运营策略，分析业务场景和完善业务形态。

（来源：华创微课产品学院）

子任务 3

（一）任务描述

学生以小组为单位，分析苏州方向文化传媒股份有限公司各个新媒体内容的人设、调性等，共同讨论并填写表格。

（二）方法步骤

（1）学生 7 人为一组，各自在网络上浏览苏州方向文化传媒股份有限公司的网站，同时搜索公司新媒体平台。

（2）分析各个新媒体内容的人设、调性等，写出本组对公司现有新媒体的认识，明确分类标准的设置方法。

（3）阅读公司现有新媒体平台的内容，进行平台的分析归类，按照分类分析归纳各类内容的表现特点。

（三）实战训练

根据分析内容完成自媒体与专业新媒体机构的对比，并填写表1-6。

表1-6　　　　　　　　　　　自媒体与专业新媒体机构的对比

自媒体	专业新媒体	分类标准	特点

（四）评价总结

小组内同学根据学习情况进行讨论和评议（见表1-7），再由教师或企业导师点评总结（从A到E依次代表评价水平的由高到低，其余评价方法与此相同）。

表1-7　　　　　　　　　　　　　　　　学生互评表

知识目标	评价	技能目标	评价	素质目标	评价
新媒体	A B C D E	目标用户调研	A B C D E	沟通交流能力	A B C D E
自媒体	A B C D E	用户画像构建	A B C D E	合作意识	A B C D E
新媒体分类	A B C D E	用户画像分析	A B C D E		

任务二　概括新媒体平台的传播价值

（一）任务描述

学生以小组为单位，各自搜索苏州方向文化传媒股份有限公司的新媒体平台内容，按照任务一子任务 2 中的分类，对不同类别的新媒体进行传播价值的分析归纳。

（二）方法步骤

（1）学生随机分成 7 组，各自搜索苏州方向文化传媒股份有限公司的网页介绍以及新媒体平台的内容产品，概括作品中体现的传播价值。

（2）小组集中讨论每个成员搜集的平台案例，确定体现新媒体传播价值的典型案例。

（3）班级集中分享各组的典型案例，并对不同类型的新媒体内容的传播价值进行分析归纳。

（三）实战训练

根据分析归纳内容完成表 1-8。

表 1-8　　　　　　　　　　**新媒体传播价值一览表**

类型	传播价值

（四）评价总结

小组内同学根据学习情况进行讨论和评议（见表 1-9），再由教师或企业导师点评总结。

表 1-9　　　　　　　　　　　　　　　　**学生互评表**

知识目标	评价	技能目标	评价	素质目标	评价
心智定位	A B C D E	定位方法	A B C D E	沟通交流能力	A B C D E
关系运营	A B C D E	用户连接	A B C D E	合作意识	A B C D E
流量变现	A B C D E	价值转化	A B C D E		

任务三　掌握新媒体平台的传播思维

（一）任务描述

学生以小组为单位，各自搜索苏州方向文化传媒股份有限公司的新媒体平台的相关案例内容，按照品牌和内容形式分别进行分析，归纳各自体现的传播思维。

（二）方法步骤

（1）学生随机分为7组，各自登录公司网页和新媒体平台，搜集典型案例并准备相应案例的分析说明。

（2）小组集中讨论每个成员搜集到的案例内容，确定案例中体现的新媒体平台的传播思维。

（3）小组集中，各组推荐一名小组成员汇报典型案例分析。

（三）实战训练

根据分析内容完成表1-10。

表 1-10　　　　　　　　　　　新媒体思维特质一览表

平台内容	思维特质

（四）评价总结

小组内同学根据学习情况进行讨论和评议（见表1-11），再由教师或企业导师点评总结。

表 1-11　　　　　　　　　　　学生互评表

知识目标	评价	技能目标	评价	素质目标	评价
用户思维	A B C D E	痛点分析	A B C D E	沟通交流能力	A B C D E
传播思维	A B C D E	整合传播	A B C D E	合作意识	A B C D E
共享思维	A B C D E	共享内容生产	A B C D E		

他山之石　　新媒体从业者必备的几个互联网思维

小李研究生毕业后被一家大公司聘为新媒体运营，主要负责文案。工作了一年后，小李辞职了，又应聘了一家新媒体小公司，小李虽然有在大公司的一年运营经验，但写出的文案往往抓不住用户的需求，没有突出公司产品的特色和卖点，写的文案对用户没有吸引力，不管是标题、排版，还是整个文章，都没有亮点，因此，领导对小李的工作总是不满意。小李的问题就在没有互联网思维。

互联网思维主要包括以下方面。

1. 用户思维

用户思维是互联网思维的核心。无论是做什么事，都不应该从"我"的角度或"公司"的角度出发，而应站在用户的角度，考虑用户需要什么。

2. 简约思维

简约思维是指提供给用户的东西越简单越好，越简单的东西越容易传播。专注而有力量，才能做到极致。

3. 极致思维

极致思维是指把产品和服务做到最好，超出用户预期，打造让用户惊艳的产品。例如，社群的老师不但提供课程知识，还教各种实操，用户遇到问题，社群老师都会第一时间解答。

4. 创新思维

突破原来的单点，就是创新思维。创新产品可以不完美，但只要把用户在意的问题解决好，就是好产品。

5. 流量思维

当用户累积到一定数量，就可以产生质变。例如，QQ 当初只是一个聊天工具，后来变成了一个社交平台。

6. 社会化思维

社会化媒体要重视企业与用户的沟通，如用户评论或留言后，要及时地关注和回复，这就需要企业具备社会化思维。

7. 数据思维

不管从事哪个行业都需要调查这个行业的数据，通过数据来判断这个行业的前景。数据是一切事物最好的证明，新媒体从业者要具备数据思维，凡事用数据说话。

任务四　明确新媒体岗位知识及技能要求 ↓

（一）任务描述

了解新媒体编创者必须掌握的岗位技能和职业素养，确定自己职业生涯的学习内容和努力方向。

（二）方法步骤

（1）阅读知识准备第四节的内容。

（2）概括新媒体编创岗位应当具备的知识及核心技能。

（三）实战训练

明确岗位知识及技能要求，完成表1-12和表1-13。

表 1-12　　　　　　　　　　　　新媒体编创岗位知识归纳表

名称	应知

表 1-13　　　　　　　　　　　　新媒体编创岗位技能归纳表

名称	应会

（四）评价总结

小组内同学根据学习情况进行讨论和评议（见表1-14），再由教师或企业导师点评总结。

表 1-14　　　　　　　　　　　学生互评表

知识目标	评价	技能目标	评价	素质目标	评价
新媒体编创	A　B　C　D　E	选题策划	A　B　C　D　E	沟通交流能力	A　B　C　D　E
核心能力	A　B　C　D　E	文案撰写	A　B　C　D　E	合作意识	A　B　C　D　E
职业素养	A　B　C　D　E	编辑发布	A　B　C　D　E		

⛰ 他山之石　　　　　　新媒体编辑工作流程

传统报社、杂志社、电视台对于新闻报道工作有一套较为严格的工作流程，如召开选题会、撰稿、审稿等；新媒体刚出现时（如门户网站或传统新闻媒体网站刚成立时，以及微博微信平台刚出现时），面对信息内容的生产和编辑，新媒体编辑（网络编辑）没有约定俗成的工作流程可以遵循。但随着初创期的度过，现在新媒体内容的生产与编辑也有了较为规范的工作流程。

一、策划选题

每天在固定的时间段，新媒体相关部门员工会把自己的选题进行报备，大家头脑风暴，筛选出当日选题。以职场技能类微信公众号"插座学院"为例，每天上午 10 点到 10 点半是全体编辑的选题报备时段；10 点半到 11 点是选题确定阶段，最终确定几个方向，然后由编辑去生产内容。插座学院每天大概发 5 篇内容，栏目是相对固定的，选题也有一定的可持续性。

建议新媒体内容生产者一定要固定几个常规栏目，每天只发一篇，也不能每天都换栏目，要让用户形成稳定的预期，可以每隔一段时间做一些微创新、微改变。

二、收集素材

传统新闻媒体在确定选题以后，一般要进行采访前的准备工作，如明确采访目的，熟悉采访对象，搜集背景资料，拟定采访计划等。但很多新媒体的内容生产与编辑并不涉及采访——主要原因是行政规定商业网站不具备采访和发布新闻的资质。商业网站没有新闻采访权只能二次编辑，因此编辑需要经常浏览一些网站和固定的微信公众号，将自己看到预计可能用到的内容收藏起来。另外编辑可找寻所在领域里"大咖"的微博、微信中分享的最新资讯或个性的观点、看法，这都有可能是有用的素材。

关于素材的收集，这里推荐 4 个来源：知乎、搜狗、百度及微博。

三、撰写、修改直到定稿

在写作的过程中，编辑要时刻联系自己初步拟定的标题，看是否紧贴主题，同时注意养成对重点内容进行加粗的习惯，为后面的排版提升效率。在整篇内容中，标题是最关键的。什么样的标题最吸引人？优秀的标题都有什么样的共同点？吸引人的标题一定要具备三大要素：读者相关性、独特性和悬疑感。

一篇文章最重要的是一定要和读者有关系。读者只有在文章中发现了想知道的、想关心的，才会把这篇文章看完。

一般实用性的标题可以帮助读者解决现实的困惑。例如，一篇标题为《宝宝看电视到底好不好？》的文章，它的实用性就很强。文章会给有困惑的家长分析到底宝宝看电视是利大于弊还是弊大于利。

同时，标题要表达得清晰、准确。举个反例，《孩子比别人家的笨，可能是这些阶段妈妈不懂，不信你看》，同样是实用性的文章，阅读量却较差，原因就在于标题比较模糊。文章写出来，不是泛泛地给读者看，而是要有针对性。这个世界上承认自己家的孩子比别人家的笨的家长是相当少的，而泛泛地说笨并不能有效地解决家长的困惑。如果改成《孩子老是记不住英语单词怎么办？》就非常具体了。

独特性是指具备明晰的辨识度，例如，明确地归属于某个领域或某个事件，这样可以起到"圈粉"的作用。例如，一本销售百万册的图书名叫《将来的你一定会感谢现在拼命的自己》。这个标题好就好在明确圈定了那些现在正在拼命奋斗的年轻人。另外，这个标题会给读者一种暗示：自己的努力会得到回报，是一个很正能量的标题。"圈定读者+正能量"就是一个很好的情怀类文章的标题。

最后，标题要有悬疑感。标题有悬疑感会不会让读者反感，会不会沦为"标题党"？其实，只要和内容是相符合的，再夸张也应该不算"标题党"。如果读者点开了一个标题，却没有在内容中发现标题所疑问的东西，从而产生"这个标题忽悠我、我上当了"的感觉，那这个标题就属于"标题党"。

四、检查

检查，在完稿后，编辑除了要检查文章内容的准确性外，更重要的是要检查文章的整体风格，如预览文章的头图与标题是否搭配得当，行文是否与定位的风格相一致。

五、按时发布

胡辛束每天都在 22 点 22 分左右发布文章，就像她自己所说："我发布的时间是固定的，像新闻联播一样，大家会记得准点收看。甚至有粉丝说，她是定了闹铃来看我的。"

（来源：知乎　作者：@如意　有删改）

项目实施评价

一、学生自评表

序号	自评技能点	佐证	达标	未达标
1	新媒体平台构建目的	能够分析身边某个新媒体平台的构建目的		
2	新媒体平台构建步骤	能够复述新媒体平台的构建步骤		
3	新媒体平台输出价值	能够判断并明确某个新媒体平台的输出价值		
4	初始用户召集	能够使用不同的内容输出方法进行平台用户的召集		
5	能够找准热点，聚拢用户	能够分析、确定平台内容聚拢用户的方法		
6	打造平台用户兴趣点	能够撰写平台内容创新吸引用户兴趣点的方案		
序号	自评素质点	佐证	达标	未达标
1	创新意识	能够在召集初始用户等阶段提出其他的方法		
2	协作精神	能够和团队成员协商，共同完成实训任务		
3	资源整合能力	能够借助网络资源、周围人脉提出更多的运营社群的方法或找到更有价值的社群资源		

二、教师评价表

序号	自评技能点	佐证	达标	未达标
1	目标用户确定	能够确定身边某个新媒体平台的用户画像		
2	分析用户画像	能够分析某个新媒体平台的用户画像		
3	平台分类	能够判断并明确某个新媒体平台的分类标准		
4	传播价值分析	能够判断新媒体平台的传播价值并提出优化意见		
5	传播思维运用	能够分析某个公众号的传播思维		
6	编创岗位技能	能够撰写图文号的文案，并编辑发布		
序号	自评素质点	佐证	达标	未达标
1	创新意识	能够在召集初始用户等阶段提出其他的方法		
2	协作精神	能够和团队成员协商，共同完成实训任务		
3	资源整合能力	能够借助网络资源、周围人脉了解其他公司新媒体的运营情况或找到帮助自己学习的有价值的资源		

拓展延伸

能力拓展 1　了解新媒体岗位应掌握的知识和技能

如果你的学长或学姐准备选择一个新媒体岗位入职，请你为他/她提供建议。你会建议他/她为了适应这个岗位的工作，通过什么样的途径，提前学习哪些方面的知识，同时注意掌握哪些基本的职业技能？并根据这些内容完成表 1-15。

表 1-15　　　　　　　　　　新媒体岗位人员应掌握的知识和技能

类别	具体内容	途径与方法
知识		
技能		

能力拓展 2　分析媒体嬗变流程

如果你已经成为新媒体编创岗位从业人员，根据已有的认知，你判断现有媒体的内容和形式可能出现哪些嬗变，出现嬗变的原因是什么？请完成表 1-16。

表 1-16　　　　　　　　　　媒体嬗变流程及原因分析

媒体形式	嬗变流程	原因
报纸		
杂志		
广播		
电视		

项目二

图文编创

教学目标 ↓

知识目标

1. 了解图文编创的作用
2. 掌握图文号的传播优势
3. 熟悉图文号选题策划的方法
4. 掌握图文号内容创作的原则与技巧
5. 掌握图文号编辑发布的方法和技巧

技能目标

1. 能够根据需求编辑公众号内容
2. 能够策划优质的公众号选题
3. 能够根据具体的目标要求撰写文案
4. 能够根据新媒体平台特性组稿、写作

素质目标

1. 具备较强的文字功底，能根据主题进行规范化的写作
2. 具备互联网创新思维，具有发散思维和创意思维
3. 具备一定的设计、审美与编辑能力

思维导图 ↓

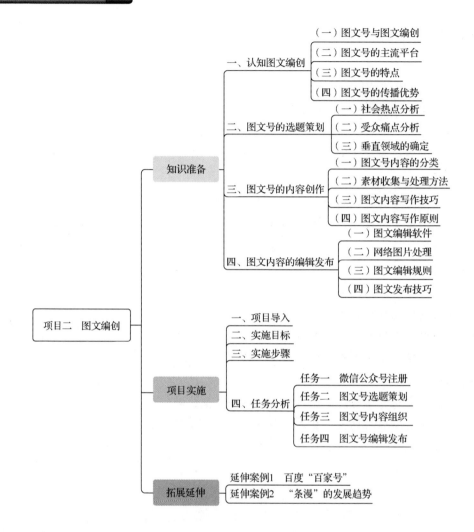

（一）图文号与图文编创
（二）图文号的主流平台
一、认知图文编创
（三）图文号的特点
（四）图文号的传播优势

（一）社会热点分析
二、图文号的选题策划
（二）受众痛点分析
（三）垂直领域的确定

（一）图文号内容的分类
三、图文号的内容创作
（二）素材收集与处理方法
（三）图文内容写作技巧
（四）图文内容写作原则

（一）图文编辑软件
四、图文内容的编辑发布
（二）网络图片处理
（三）图文编辑规则
（四）图文发布技巧

知识准备

项目二　图文编创

一、项目导入
二、实施目标
三、实施步骤

项目实施

任务一　微信公众号注册
四、任务分析
任务二　图文号选题策划
任务三　图文号内容组织
任务四　图文号编辑发布

拓展延伸

延伸案例1　百度"百家号"
延伸案例2　"条漫"的发展趋势

知识准备

一、认知图文编创

图文编创是基于新媒体社交平台的定位，针对用户的需求进行选题策划；结合平台的人设、调性，创作文案，选择图像；根据社交媒体用户传播的属性，编辑发布由文字、图像构成的主题内容。文字内容可以表达理性的思考，图像内容可以直观地表达感性的认知，从传统媒体过渡到新媒体的过程中，图文内容起到了桥梁的作用，意义重大。

思考问题

（1）什么是图文编创？

（2）在新媒体平台中，主流的图文号平台有哪些？

（3）如何运用新媒体思维进行图文编创？

（一）图文号与图文编创

图文号是指个人或企业运用网络信息化手段，在新媒体平台上发布图文内容的载体。编创者可根据特定目标或在垂直领域内，进行选题策划，文案写作，图文编辑，发布文字、图片、音频、视频等内容。图文编创是基于编创者的不同目标，编辑创作承载不同内容与功能的图文，进行文化推广，分享知识，树立品牌，介绍产品，也可深入探讨一个细分领域的专业内容，挖掘历史人文故事，捕捉社会热点话题，分享美食或人生感悟等。根据图文号功能和受众的不同，图文创编的内容和风格也有所不同。

（二）图文号的主流平台

目前主流的图文号平台有以下几个。

1. 微信公众号

微信公众号也称微信公众平台，简称公众号，是腾讯在微信的基础上发展的一个功能模块。个人或企业、机构都可以申请公众号，发送图片、文字、视频、语音等消息，用来表达想法、分享知识并且将它传播给更多人，也可以进行商业推广。

微信公众号按照功能可分为以下3种。

服务号：为用户提供服务，1个月内仅可发送4条群发消息；发给订阅用户的消息，会显示在对方的聊天列表中相对应微信的首页；服务号会在订阅用户的通信录中，通信录中有一个公众号文件夹，点开可以查看所有的服务号；服务号可申请自定义菜单。

订阅号：为用户提供信息，每天可以发送1条群发消息；发给订阅用户的消息，将会显示在对方的"订阅号"文件夹中；在订阅用户的通信录中，订阅号将被放入订阅号文件夹。

企业号：帮助企业、政府机关、学校、医院等事业单位和非政府组织建立与员工、上下游合作伙伴及内部系统间的连接，并能有效简化管理流程、提高信息的沟通和协同效率、提升对员工的服务及管理能力。

2. 微博

微博由新浪推出，是提供微型博客的社交网站。用户可以通过网页、WAP 页面、手机客户端、手机短信、彩信发布消息或上传图片。用户可以将看到的、听到的、想到的事情拍成照片或写成文字，通过计算机或手机随时随地分享给朋友，一起讨论、互动；用户还可以关注朋友，及时看到朋友们发布的信息。

微博的主要功能有转发、关注、评论、搜索、私信。其互动性较强，可及时关注和发表与热点人物、热点事件相关的内容，拥有较为强大的传播速度以及传播范围。

3. 百家号

百家号由百度专为内容编创者打造，是集创作、发布和变现于一体的内容创作平台。内容编创者在百家号发布的内容会通过百度信息流、百度搜索等渠道分发，支持内容编创者轻松发布多样化的内容。

百家号的主要功能有发布图文、视频、动态、直播、音频、专栏、圈子图集等。其利用智能的推荐算法将文章推荐给用户，每一个用户的阅读喜好都会被系统记录，并通过智能算法为每一个用户设定多个标签。

4. 大鱼号

大鱼号是阿里巴巴文化娱乐集团（简称阿里文娱）旗下的内容创作平台，为内容生产者提供"一点接入，多点分发，多重收益"的整合服务。大鱼号为内容编创者提供畅享阿里文娱生态的多点分发渠道，包括 UC 浏览器、土豆、优酷等阿里文娱旗下多个平台，同时也在创作收益、原创保护和内容服务等方面为编创者给予支持。大鱼号为编创者开辟了商业变现功能，即编创者可通过一个平台对接上万个客户资源，承接推广需求。

大鱼号的主要功能包括在"大鱼任务"上完成客户的品牌、商品推广需求，收获包括创作稿酬、流量套餐分成、商品推广佣金等多重收益。

5. 简书

简书是一个将写作与阅读整合在一起的平台，旨在为编创者打造便捷的写作软件，为阅读者打造阅读社区。简书支持随时随地创作，同时支持离线保存，支持高清图片秒传，支持一键生成图片分享。简书平台拥有丰富的官方推荐专题，能帮助编创者打开思路。

简书的主要功能有私信、打赏、评论、点赞等，支持专题汇聚文章。简书从单纯的写作记录平台向社交平台靠拢，内容较丰富，方便人们迅速浏览想看的内容。

【答一答】

结合上面的内容，请你说说以上新媒体图文平台各自的优势是什么，各个平台之间有什么区别，针对的用户及发布的主要内容有哪些侧重？

_____

_____

（三）图文号的特点

新媒体相对于传统媒体发生了很大的变化。内容表现形式、受众接受程度、媒体主导方式、信息传播的方式等方面都具有颠覆性的变化。

1. 内容个性化

在新媒体时代，每个人都可以作为传播的主体，利用互联网表达自己的观点，构建自己的社交网络。新媒体的传播主体来自各行各业，这相对于传统媒体从业人员单个行业的知识覆盖面更广。尤其是新媒体将话语权赋予大众，讲究内容的新颖与个性化。

2. 操作便捷化

图文号内容发布的步骤设计人性化，进入门槛低，操作简单。用户只需通过简单的注册申请，根据服务商提供的网络空间和可选的模式，利用界面管理工具，即可在网络上发布文字、图片等信息。

3. 媒体无界化

新媒体图文号消解了电视、广播、报纸、杂志等传统媒体之间的边界，不同的媒体表现形式共生共荣，可以与用户建立真正的关系，具有交互性和跨时空的特点。同时，新媒体给媒体行业带来新的理念和模式。

【答一答】

结合上面的内容，请你说说新媒体图文创编与传统媒体内容创作相比有哪些特点？

_____

_____

（四）图文号的传播优势

由于传播技术的差异，新媒体图文号的传播较传统媒体图文的传播存在以下优势。

1. 传播速度快

每个人既是接收者，又是传播者。新媒体超越了空间和时间的限制，能够迅速地传播信息，时效性大大增强，图文号的内容从创作到发表迅速、高效，是电视、报纸等传统媒体无法企及的。

2. 传播互动性强

新媒体能够迅速地将信息传播到用户中，用户能够迅速地对信息进行反馈。新媒体与用户的距离更近，信息变得更容易获得，交互性也较传统媒体更强。

3. 传播精准度高

新媒体的消息传播方式从用户被动接受的"强推式"变为让用户主动关注的"拉取式"，是一种经过用户同意的"许可传播"，一般不会引起用户心理上的抵触。围绕图文号聚集的人群一般是基于共同的爱好和关注点，用户对传播内容更容易产生"共鸣"，进而形成一致的集体行为，这种共振效应影响力极大，对创造商业价值具有一定的意义。

【答一答】

结合上面的内容，请你说说以上新媒体图文创编与传统的媒体内容创作相比，还有哪些特点？

_____

_____

二、图文号的选题策划

每一个图文号都有自己的定位，面向自己的目标用户。所以，选题策划一定是根据定位来进行的，它是图文号定位的延伸及体现。

做日常选题策划，最常见的方式就是挖掘内容定位关键词。有了关键词，就可以衍生出一组选题，关键词再互相组合，可以衍生出更多选题。所以在做公众号内容的选题策划时，可以根据关键词，衍生出一大堆选题，然后对这些选题做好归纳，进行分类。还有一种选题策划方式是明确细分用户群体，列出需求和痛点，根据用户的需求和痛点，形成选题库。

思考问题

（1）什么是图文号定位？

（2）创立自己的图文号时要瞄准哪些用户？

（3）新设的图文号要帮助用户解决什么问题？

（一）社会热点分析

围绕热点话题进行策划是图文号策划的一种常用手法。热点话题关注度高，能激发用户参与讨论。社会热点是指在社会中引起广泛关注、讨论、激起民众情绪、引发强烈反响的事件。数据分析发现，在恰当的时机及时跟进热点，更容易满足用户需求，有利于传播；以主流的情绪态度来解读热点事件，更容易获取用户的认同以及共鸣，转发率更高。一般来说，热点分为以下几类。

（1）实时热点：当前一段时间最热门的事件，一般可以持续几个小时、一天，甚至几天，如果是在进展中的事情，则可能持续更久，如比赛等，这类热点随着事情的发展保持长时间的热度。一般新的热点会在每天的 9 点到 11 点，或下午 4 点到晚上 7 点爆发。

（2）民生热点：民生热点是一般用户都会关心的、与人们的衣食住行、教育、医疗等密切相关的内容，例如交通状况、经济政策等。民生热点事件更适合教育、时事、经济等相关方向的图文号。

（3）影视热点：如 2021 年春节档电影《你好，李焕英》，很多图文号围绕它来创作，该电影也在那段时间里都获得了不错的流量。娱乐时尚类的热点更适合娱乐、影视、文化评论类的图文号等。

（4）趣闻热点：有猎奇性和趣味性的社会新闻或事件，如一些奇闻轶事、娱乐新闻、科学奥秘、未解之谜等，可以引起他人强烈的好奇心。

一般来说，追踪热点有两种方式：一种是根据热点定制文章，找到用户对这个热点的舆论方向进行写作；另一种是将自己已有的选题和内容与当下的社会热点衔接。以下平台基本涵盖了当下所有的热点事件，编创者可以根据平台上的数据分析来捕捉热点，包括微博热搜、百度热搜风云榜、特赞营销日历、微舆情、知微传播分析、百度指数、头条指数、微信指数等。

【答一答】

结合上面的内容，请你说说新媒体图文创编的热点选题方向有哪些，列出一个你印象深刻的热点选题，并说明为什么对它印象深刻，指出它使用的是哪种类型的热点。

_____

_____

（二）受众痛点分析

所谓痛点，是受众在日常的生活中所碰到的问题、纠结和抱怨，是用户需要解决或了解的问题以及尚未被满足且被广泛渴望的需求。发掘用户的痛点，就是为自己的文章寻找被阅读的机会。判断痛点是否有效的一个关键因素是它被激活的频率。对于图文号来说，如果提供有价值、有趣的内容，那么必须抓住用户的痛点，在最恰当的时机和领域，提供一个解决方案或提供满足用户心理的内容，解决用户的需求。痛点包括以下两种。

1. 普遍关注的社会议题

这类议题就在用户身边，容易激发情感，如近年来热议的原生家庭问题、职场生存法则、女性容貌焦虑问题等易引起大众共鸣的内容，更能够获得点赞和分享，从而达到大规模传播的目的。这种被激发的情感可以是开心、难过、感动、同情、愤怒等。"爆款"文章背后是对人性的思考和对传播心理的把握。

2. 传播知识的内容

传播知识的内容有以下两种。

专业知识内容：用户喜欢有"营养"的内容、切实有用的信息，包括财经信息、国际局势、经济形势、文化观点、艺术鉴赏等。所谓的干货营销，一般都触及了用户的切实需要，用户愿意将这样的内容分享给更多人，这样就形成了二次传播甚至多次传播。

日常知识内容：这类内容包括育儿、健身、美妆、美食、瘦身、旅行攻略等与用户生活中某方面的诉求相关的内容，也可以为用户提供生活小妙招、活动资讯和达成某种生活目标的策略与方法。

【答一答】

　　结合上面的内容，请你说说什么是痛点，图文编创需要从哪几个方面把握用户的痛点，你擅长哪些方面内容的创作。

_____

_____

（三）垂直领域的确定

　　垂直领域是聚焦某一个行业里的某一板块的专业化内容服务，将注意力集中在某些特定的领域或某种特定的需求，提供有关这个领域或需求的全部深度信息和相关服务。微信公众号之所以要做垂直细分领域，是因为大众市场已经被寡头垄断，生存机会很小，而细分领域有着更大的开拓空间。这个领域具备一个特征：大的市场已经被少数寡头垄断了，但市场中有那么一小块强烈的需求未被巨头们触及或难以触及。垂直细分领域的粉丝价值更高、用户黏性更强，更具有商业变现的价值。垂直领域图文号需要运营人员对行业有更加深入的理解，有专业领域、行业资源的积累，这样才能源源不断输出有价值的内容。

　　做一个商业化的垂直图文号，有以下步骤。

　　（1）首先研究哪些市场已经被巨头们垄断了，哪些市场还有缝隙，这个缝隙恰恰是用户渴望解决的痛点。

　　（2）分析用户的需求，找到与众不同的切入点。

　　（3）打造个性化内容，深耕垂直领域。

⤬ 方向实例

　　宣德炉主题《宝器虽小却曾让宣德皇帝爱不释手》（见图2-1），以宣德炉在生活美学中的体现为主题，走访制炉艺人，视频以诗意般的讲述方法，吸引香炉爱好者，最终依靠内容实现电商平台的消费变现。

　　刺绣主题《她用四十年让针线有了生命》（见图2-2），讲述刺绣大师姚梅英的刺绣作品，展现刺绣非遗绣娘的古风雅韵。

　　锯瓷主题《这档瓷器活必须要配金刚钻》（见图2-3），讲述锯瓷这门不为太多人所知的传统手工艺，如何将破碎的瓷器重组成为艺术品。

图2-1　心造公众号《宝器虽小却曾让宣德皇帝爱不释手》页面

图 2-2　心造公众号《她用四十年让针线有了生命》页面

图 2-3　心造公众号《这档瓷器活必须要配金刚钻》页面

【答一答】

针对垂直领域做图文创编有哪些优势，你倾向于做哪个垂直领域的相关内容。

_____

_____

三、图文号的内容创作

图文内容创作需要经过素材搜集处理、定标题、组稿写作等一系列过程。在进行图文内容创作之前，要明确图文号内容的分类。

思考问题

（1）什么内容对目标用户有价值？

（2）如何针对性地收集素材？

（一）图文号内容的分类

根据写作目的的不同，图文号的内容可以分为自选主题内容和商业推广性内容两大类。

1. 自选主题内容

自选主题内容根据选题和写作的具体方法，分成若干小类。

（1）新闻类。在任何时候热点的时效新闻都能吸引足够多的眼球，因此不管哪类公众号，都应该将新闻类内容作为常规内容之一。公众号运营者要重点关注和公众号定位相关的新闻。

（2）知识类。知识从浅到深可以分为大众知识、日常知识、专业知识。

（3）经验类。经验类内容指人们在生活、学习、工作中总结出的一些心得、技巧、方法，可以是大众的，也可以是专业的。

（4）行业类。行业类内容聚集于当下用户比较关心的行业，如互联网行业、教育行业、影视行业、娱乐行业等。

⤭ 方向实例

精致的原创视频内容： 针对用户阅读碎片化的特点，心造公众号（以下简称心造）通常将视频时长控制在 2～5 分钟、节奏简单明快，力求在注意力匮乏时代抓住用户眼球。《竹篾匠人刘光耀》的拍摄团队远赴湖南省益阳市安化县专门生产楠竹的地方，拍摄素材长达 10 个小时，但最终成片仅 4 分钟左右。视频通过第一视角呈现了竹篾从开始制作到最后摆盘的全过程，用几个细节性的镜头将竹篾的做法叙述完整，最终还通过精致的器具和树林美丽风光的结合，呈现竹篾的自然纯朴。由此可以看出，心造致力于用精致的制作和丰厚的内容给用户带来美好的感官体验。

精美的文字内容排版： 心造每三到五日推送一次，每次推送一篇文章、两条左右的广告。头条内容通常以"视频+图片+文案"的方式呈现，内容控制在千字左右，文章通常还会有 10 张以上的图片作为文字内容的补充。文章附有视频，与文字和图片相得益彰，互为补充。在排版方面，心造通常以黑白灰的高冷风格为主，使整体呈现简约干净的特点，这也符合了中产阶层用户的喜好和品位。

精细化的内容生产模板： 对于微信公众号来说，做好一期视频相对容易，但要保证每天持续输出高质量的内容相对困难，对于心造来说亦是如此。因此，心造用可复制的模块化内容生产方式解决了这个问题。心造的短视频不用旁白，用影片主角自己的讲述或访谈作为画外音，讲述视频最想表达的几个点，然后再在结尾进行升华。3～4 分钟的视频模板中，心造着重打造前 10 秒的内容，力争在 10 秒内抓住用户的眼球。每期视频都会精细到进入特写需要几个镜头、从特写拉到空间需要几个镜头、单个器物需要几个镜头、变焦需要几个镜头，以此形成模板，当拍摄后面的视频时，就可以按此模板进行复制，最终保证每次都能够输出高质量的视频内容。

（5）故事类。故事类内容包括情感故事、励志人生故事、名人故事、悬疑故事等。

（6）观点类。观点类内容以思想观点取胜，对当下热点话题发表独到的看法与解读，可极具争议性，也可犀利有深度。

2．商业推广性内容

商业推广性内容也称为软文或广告植入内容，是相对于硬广告而言的，是由图文号编创者根据企业品牌传播策划要求撰写的"文字广告"。与硬广告相比，软文将宣传内容和文章内容完美地结合在一起，让用户在阅读文章时能够了解策划人所要宣传的内容。一篇好的软文是双向的，即让用户得到了他需要的内容，又宣传了企业想要推广的内容。

在图文号进行品牌宣传、产品介绍时，切忌像做传统广告一样直白。运营者应当对广告信息进行加工，使广告变得有趣、有味、有料，这样才可以突破戒备心理，使用户转变成积极的消费者。根据目的不同，商业推广性内容可以分为销售文案和品牌文案两种形式。

销售文案着眼于提高产品销量，例如宣传企业的推广活动、优惠活动。

方向实例 　**销售文案：《福利｜莎拉·布莱曼与你面对面》**

该实例以赠票给粉丝的形式推广此次活动。

第一板块：利用微信公众号可以上传音频的功能，将莎拉·布莱曼的歌曲放在首要位置，然后先从奥运会开幕式大家耳熟能详的《我和你》引入主题，简单介绍主角（见图2-4）。

第二板块：说明抢票的方式和演唱会的时间地点（见图 2-5），通过截图+转发到朋友圈来传播宣传演唱会信息。

第三板块：详细介绍演唱会嘉宾莎拉·布莱曼在国际乐坛的地位（见图2-6），让用户更进一步了解产品信息。

图 2-4　第一板块　　　　图 2-5　第二板块　　　　图 2-6　第三板块

品牌文案着眼于提高品牌的知名度和美誉度，扩大企业的影响力，如企业形象的宣传文案、企业在重大节日推出的有一定情怀和价值取向的文案。

方向实例 　　　　　**品牌文案：《十里梅坞寻印记》**

该实例以视频和文字、图片结合的形式介绍了一家生活美学餐厅。
第一板块：介绍餐厅的地理位置、格调（见图2-7）。
第二板块：介绍餐厅的美食特色以及茶叶等相关产品的信息（见图2-8）。
第三板块：介绍餐厅的其他功能，除了可以用餐这也是休闲饮茶的好去处（见图2-9）。

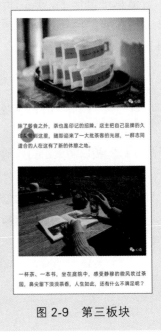

图 2-7　第一板块　　　　　图 2-8　第二板块　　　　　图 2-9　第三板块

根据广告植入方式的不同，商业推广性内容可以分为硬广告和软广告。硬广告指的是用直白的内容介绍推荐产品的广告。

🔀 **方向实例**　　　　　**硬广告：《莫干山顶级度假酒店》**

第一板块：介绍酒店的品牌、地理位置、价格等（见图 2-10）。

图 2-10　第一板块

第二板块：展示酒店的外部环境、内部设计及其他旅游项目（见图 2-11）。

图 2-11　第二板块

软广告不直接介绍产品，而是通过传播一种理念或生活方式的方式，润物细无声地将产品信息植入其中。

⤬ 方向实例　　软广告：《有一种爱，叫作父亲的果园》

该实例以视频和文字、图片结合的方式讲述父亲和果园的故事，最后落到推广水果上。

第一板块：从第一人称的角度，讲述父亲辛苦经营果园的故事（见图 2-12）。

图 2-12　第一板块

第二板块：讲述父亲将果园的水果寄给女儿的故事，把水果不打农药、绿色环保、质量上乘的特点融入故事中，并用朋友圈截图、运输过程等照片证实产品信息的真实性（见图2-13）。

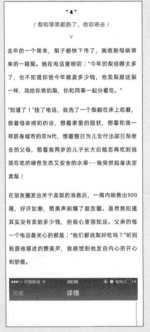

图 2-13　第二板块

第三板块：产品信息，购买优惠信息以及产品的购买方式（见图2-14）。

图 2-14　第三板块

【答一答】

结合上面的内容，说说软广告植入的要点有哪些？

_____

_____

（二）素材收集与处理方法

素材收集与处理方法主要包括以下 3 种。

（1）积累素材

创作的素材从哪里来？编创者可以从新闻、公众号、网站、书籍、文章等来源中收集。编创者要整合各种平台上对于用户来说有价值的内容，进行再提炼，找到新的切入点。对于一些已经为用户所熟悉的内容，编创者也可以从新的角度重新探讨，挖掘还未被全面呈现的内容，满足用户获取有用信息的需求。例如，编创者可以针对同一个选题，看 10 篇以上别人写的文章，从中思考别人没有写过的角度或观点。编创者还可以寻找能够论证自己或驳斥他人观点的论证材料，如一些经典的案例、故事、名人名言等。

（2）收集金句

金句是图文号的生命，对于编创者来说，收集金句是一个很重要的工作。一般来说，编创者可以到一些好的公众号文章中摘录金句。编创者也可以原创金句，学习原创金句的类型和写法（见表 2-1）。

表 2-1　　　　　　　　　　　　原则金句的类型和写法

类型	写法	示例
极言式结构	"一切、第一、所有、最、只有、任何"等极言词是极点比较的标识性词语，也是表达极性意义最简单的方式。为了避免语言表达过于强硬及冲击力过强，让读者易于认可和接受，可采用缓冲极言的词语，如"很多时候、有时、一定程度、或许、也许、往往、可能"等。这些词语使极言的震撼力更富弹性和韧性	一切聪明人都是自私的。（爱默生） 所有的伟人都是从艰苦中脱颖而出的。（爱默生） 只有在天才不济之处你才能看见才能。（维特根斯坦） 任何宗教都不像数学那样，因滥用形而上的表达而负有如此多的罪孽。（维特根斯坦）
矛盾式结构	这种金句的特点是前后内容相互矛盾。矛盾式句子的矛盾点有修饰词之间的矛盾，谓语动词之间的矛盾，名词之间的矛盾，也有句子之间的矛盾。通过部分成分之间的矛盾，整体内容呈现矛盾效果，使得阐释的对象内涵更丰富，思维张力更强大	这是一个最好的时代，也是一个最坏的时代。（狄更斯） 苦难可以激发生机，也可以扼杀生机；可以高扬人格，也可以贬抑人格。（周国平） 有的人活着，他已经死了；有的人死了，他还活着。（臧克家） 我们最大的愚蠢也许是非常的聪明。（维特根斯坦）

类型	写法	示例
批立式结构	批立式结构指先否定常规认知，再肯定事物新的一面，在肯定中将思维引向远处和深处。常用的句式是"不是……而是……"。其中"不是"就是"破"，"而是"就是"立"。此外还有句式变体："不只是……更是……""不是简单的……，而是……""表面上是……实质上是……""不在于……在于……"	生活中从不缺少美，而是缺少发现美的眼睛。（罗丹） 最伟大的诗人并不是创作得最多的诗人，而是启发得最多的诗人。（圣伯夫） 教育不是注满一桶水，而是点燃一把火。（叶芝） 真正的平静不在于远离车马的喧嚣，而在于内心修篱种菊。（林徽因）
双否式结构	从内容上来说，双否式结构的句子表达的都是肯定的内容，都可以换成肯定语气表达，但是与原句相比，效果相差甚远。类似的句式还有"无……不……""无不……""莫不……""没有……不……""非……不……""再……也不过了""没有比……更……"这种语言形式简单易学，有感染力	未经思索的生活是不值得过的。（苏格拉底） 一切幸福都并非没有烦恼，而一切逆境也绝非没有希望。（培根） 没有什么比不欺骗自己更难做到的。（维特根斯坦）

✕ 方向实例　　　心造公众号案例：结尾金句

在心造公众号的文案中，每一篇末尾都会有一个结语"心语录"，专门输出金句。举例如下。

《这才是真正的"烧钱"》

十年饮冰，难凉热血，纵梦画马，不负韶华。

器由心生，如镜一般，在自己热爱的领域中，吃一口饱饭，做一己之主，这就是所谓匠人最好的生活方式吧。

《一把梳子开出 800 家店之后》

总有一个地方，想要达到；总有一座峻岭，需要翻越；总有一扇窗，为坚韧不拔的人敞开；总有一天，心中那个叫作梦想的人，会出现在你面前，拥你入怀。

（3）处理素材

处理素材的重点有两个方面：一方面，角度要新、要独特；另一方面在引用别人的资料时，编创者能进行重新表述，把别人的表述换成符合自己角度的内容，用自己的语言重新组织。处理素材的标准包括以下两个方面。

公共素材处理标准：用公共素材时，切忌照搬新闻或照搬别人文章里的素材。在运用素材时，要用自己的语言、按自己的观点需要重新提炼和表达。

私人素材处理标准：所谓私人素材，就是发生在别人身上的特例或事件，使用这种素材时需要指出原作者，这体现了新媒体从业人员的基本职业素养，同时也表明了信息来源的可信性。

【答一答】

针对你准备进行编创的方向和内容，你需要开始收集哪些方面、哪些类型的素材以及金句？

_____

_____

（三）图文内容写作技巧

撰写图文内容时要摆脱传统文章的学究型模式，符合新媒体的青春、活泼的风格，既要保证文字的深度、广度，又要具有可读性、易懂性，一篇好的新媒体文章要与用户产生"交流感"。浏览量从某种程度上来说也是评价文章交流感多少的指标。图文内容的写作技巧可分为以下 3 个方面。

1. 编创选题的技巧

运营团队可以每个月举行一次选题会，通过充分的头脑风暴和讨论确定下个月的选题。提前一个月确定的选题虽然不具备时效性，但可以将用户的心理诉求作为参考标准，通过长期的数据分析，判断出稳定的选题方向。

2. 找准切入点的技巧

符合用户心理诉求的内容非常多，这时，我们就需要找到合适的切入点去撰写内容。找切入点的技巧有两个：第一个是差异化，写的内容要与别人不同，换句话说就是写别人没写过的；第二个是自圆其说，所表达的观点有严密的逻辑，能够自圆其说，从而获得用户认同。寻找切入点可以参考微博热搜或百度指数上评论激烈的话题。

> ⤬ **方向实例**　　**心造公众号案例：美食类选题**

《只有它能让游子的思乡之情得以安放》《草根的幸福都在这包子里》（见图 2-15）等关于中国传统食物制作工艺的主题文章，借鉴了当年纪录片《舌尖上的中国 2》（2017 年）讲述美食的切入点，探讨中国人与美食的关系，讲述了各种美食在不同地域的演变和中国人对食物的"乡愁"情结。

图 2-15　美食类文章选题

【答一答】

针对你想要创作的内容，思考你所要契合的用户的心理诉求，以及可选择的切入点。

_____

_____

3. 标题提炼的技巧

标题忌晦涩难懂，应多用短句，少用复杂的长句，多用大众化的字词，少用甚至不用生僻的字词。标题文字须逻辑清楚，语句通顺，尽量不要让同一个词语在标题中出现两次，如果需要用同样语义的词，可尝试换一种表达方式。为了表达简洁，头条和次条标题在用户手机屏幕上显示时尽量不超过一行，如果一行标题不能达到最佳的表达效果，可将标题延长至两行，但不要超过 64 个字节，否则转发到朋友圈时不能完整地显示。

好标题=标题类型+修饰手法。好的标题要让用户了解文章的大致内容。一般可以使用以下 5 种标题类型来拟标题，再用修饰手法起到展现文化内涵、拔高立意、博人眼球、植入热点的作用（见表 2-2）。

表 2-2　　　　　　　　标题类型+修饰手法匹配表

5 种标题类型	5 种修饰手法
对话型	数字法
故事型	对比法
新闻型	借势法
实用型	悬念法
优惠型	情绪法

⤬ 方向实例　　心造公众号案例：标题提炼案例

故事型+借势法：《他用一只杯子，俘获了×××、×××的心》
新闻型+借势法：《他的扇子在超模×××手中向世界展示东方之美》
故事型+悬念法：《古怪的人生也很精彩》
新闻型+情绪法：《他在海拔 2217 米处找到了精神家园》
实用型+对比法：《别的机器织布，它织历史》

【答一答】

确定一个文章主题，用不同的组合匹配方式拟 5 个意思相似但写法不同的题目。

_____

_____

（四）图文内容写作原则

图文内容写作时要遵循以下 4 个原则。

精简原则：图文内容要精简，要开门见山地直接切入正题，将主要观点用言简意赅的文字表述出来。如果篇幅较长，要注重总结归纳标题，使用深入浅出、易读的语言进行描述，这样才能时刻抓住用户的注意力，达到传播效果。

时效性原则：内容要结合时事热点，特别是在微信公众号每天只能推送一条信息的情况下，更要珍惜这个机会。用户对于时事热点的关注度较其他信息要更高，因此把握时效性就是把握住了流量入口。发布者可结合图文号自身垂直领域和图文号风格进行相关内容的嫁接。

个性原则：要想让发布的信息赢得更多的关注，就需要提供个性化的视角，如选题的个性化、观点的个性化，以及语言的个性化。只有提供个性化的视角，才能契合特定人群的心理需求，让用户产生黏性。

精确原则：所谓精确原则就是把每条信息都发送到有需求的用户那里。为此可以将用户分类，在推送信息时有针对性地进行。

【答一答】

结合以上原则，讲一讲图文内容写作时要注意哪些方面。

_____

_____

四、图文内容的编辑发布

编创者既需要了解内容的创作方法，还需要掌握线上编辑发布的技巧。编辑发布工作就是把文章打磨成适合用户的产品，用合适的形式呈现给用户。编创者需要具备一定的审美修养和设计能力，并掌握用户的阅读和审美习惯，这需要在长期的实践中不断学习提升。

思考问题

（1）什么是高质量的编辑发布？

（2）如何塑造图文号的 IP 形象，使其形成自己特定的风格？

（3）好的编辑排版可以带给用户什么样的感受？

（一）图文编辑软件

以微信为例，编辑图文内容时可以使用微信自身的内容编辑页面，也可以使用第三方的微信图文编辑软件。表 2-3 所示为常见的微信图文编辑软件汇总，其中微信编辑器的功能较多，素材也很丰富，可以编辑出美观的页面。

表 2-3   常见的微信图文编辑软件汇总

图文编辑软件	功能与特点
微信编辑器	无 H5 页面。优点是可以快速提炼网页信息；缺点是高级编辑有大量模板，但没有自动复制功能，导致手动复制到公众平台后台时会出现格式错乱的现象。另外，编辑器自带图文素材，可参考使用
易企秀	自带 H5 页面。应用简单，适合新手，分为旧版与新版。新版分类功能较好，能快速找到心仪的排版格式
秀米	自带 H5 页面。秀米 2.0 排版分类更清晰，模板精美多样，分组合、零件、布局，使用便捷。最大亮点是可以编辑文章被用户分享后的效果
135 微信编辑器	与咫尺网络合作 H5 页面。有一键排版、每日一题等快捷功能，方便新手使用，有广告
i 排版	无 H5 页面。支持各种文本格式，适宜制作文艺范的微信文章
小蚂蚁	无 H5 页面。素材丰富、样式种类全面、更新速度快，而且简单易用
96 编辑器	无 H5 页面。对编辑器不太熟练的可以选择这款，操作便捷简单，模板更新较少
新榜编辑器	无 H5 页面。界面清爽，模板风格小清新，图库搜索功能是一大亮点

【答一答】

通过试用，找到最适合你的图文编辑软件，并讲讲为什么。

_____

_____

（二）网络图片处理

内容是一个图文号的核心，配图是图文内容视觉输出的重点。好的配图不仅能使图文内容更直观地展现给用户，还能够让用户很好地理解、把握文字内容，提升图文号的影响力。

1. 图片的选择

配图不仅仅是为了美观，更重要的是为文章的内容服务，因此配图要与文章内容相关、风格统一。图片要足够清晰，否则会影响用户的阅读体验。另外，不要选择有版权的图片，避免侵权行为。

图文号封面图的作用跟杂志或书的封面一样，起到吸引人和一部分内容展示的作用。在文章中，头部一般是首图，首图的作用一般引导用户关注图文号。文章内部的配图，主要有以下几个作用。

优化排版：文章内容太长，用户可能很难一直读下去。在合适的位置配上精美的图片，可以给用户休息的时间，让用户有耐心把文章读完。

承载信息：在分析论证型的文章里，图文并茂能让表达显得更生动，更有说服力。尤其是文章中带有数据分析的，如果仅仅罗列一连串数字，用户难以一目了然，而做成图表就会更加清晰。

传达情绪：合适的图片能将要传达的情感进一步强化，起到增强画面感和烘托意境的作用。尤其是一些搞笑类的文章，配上一些夸张的表情，更能调动用户的情绪。

突出调性：图片可以表现出公众号的形象与格调，图片的美感、色调、内容、排版以及设计都能展示出公众号的调性。

2. 图片常见格式

不同的图片格式在图文编辑中的特点不同，用法也不同。

BMP 格式：Windows 操作系统下的标准位图格式，未经过压缩，图像文件一般比较大，在很多软件中被广泛应用。

PSD 格式：Photoshop 的专用图像格式，可以保存图片的完整信息，图层、通道、文字都可以被保存下来，图像文件一般较大。

TIFF 格式：它的特点是图像格式复杂、存储信息多，在 Mac 操作系统中使用广泛，正因为它存储的图像细微层次的信息非常多，图像的质量较高，故而非常有利于原稿的复制。TIFF 格式常用于印刷。

TGA 格式：TGA 的结构比较简单，属于一种图形、图像数据的通用格式，在多媒体领域有着较大的影响，影视编辑中经常使用，例如，3ds Max 输出 TGA 图片序列导入 Ae 中进行后期编辑。

EPS 格式：Mac 操作系统中用得较多。它是用 PostScript 语言描述的一种 ASCII 码文件格式，主要用于排版、打印等输出工作。

常用的微信图片格式一般有 3 种（见表 2-4），其具体用法和特点各不相同。

表 2-4　　　　　　　　　　　　常用的微信图片格式

格式	用法	特点
GIF	体积小，可以做逐帧的短小动画	压缩比高，磁盘空间占用较少，所以这种格式有个小缺点，即不能存储超过 256 色的图像，颜色多则容易失真。GIF 图像文件小、下载速度快，可将许多具有同样大小的图像文件组成动画
JPEG	最常用的有损图片压缩格式	可用有损压缩方式去除冗余的图像和彩色数据，在获得极高压缩率的同时展现十分丰富生动的图像，具有调节图像质量的功能，允许使用不同的压缩比例
PNG	常用的无损压缩图片格式	PNG 是目前能保证最不失真的格式，它汲取了 GIF 和 JPG 二者的优点：存储形式丰富，兼有 GIF 和 JPG 的色彩模式；能把图像文件压缩到极限，以利于网络传输，但又能保留所有与图像品质有关的信息，因为 PNG 是采用无损压缩的方式来减少文件的大小；显示速度快，只需下载 1/64 的图像信息就可以显示出低分辨率的预览图像；同样支持透明图像的制作。PNG 的缺点是不支持动画应用效果

一般来说，动图用 GIF 格式，照片用 JPEG 格式，而 PNG 格式适用于小图片、小图标或有透明需求的图片。

3. 图片尺寸

图文号中通常涉及的图片有两类，一是封面图，二是正文中的插图。

封面图是除了标题之外，用户在点开文章前首先看到的信息，封面图的吸引力越强，用户打开的欲望也会相应越大。一些平台官方的建议是封面图片的尺寸最好达到 900 像素×500 像素，二级封面的像素是 200 像素×200 像素。

正文中的插图，图片的尺寸最好都用裁剪工具统一成 900 像素×600 像素，千万不要一张图片是宽的，另一张图片是方的。裁剪图片时，要保留图片中的重要内容，注意构图美观。

【答一答】

通过学习以上内容，你认为图片处理时需要注意的问题有哪些？

_____

_____

（三）图文编辑规则

排版设计对于图文内容来说十分重要，应带给用户舒适的阅读体验。图文内容的编辑应满足用户的以下需求。

1. 视觉风格与图文内容一致

视觉风格要和图文内容一致，亲子类的相对活泼，商务风以简约为主，亚文化类的以个性化为主，针对青年人的以时尚为主等。

2. 视觉风格与用户定位一致

图文内容的视觉风格要根据目标用户来定位，如针对商务人士的极简风，针对女性的可采用暖色调，针对学生的要轻松、活泼等。

【答一答】

列举一个公众号，阅读、分析、思考它满足了用户哪些方面的需求？

_____

_____

（四）图文发布技巧

图文发布技巧包括以下 5 个方面。

1. 文章内容板块划分

分板块：将长文章分成几个板块（见表 2-5），提炼精准的小标题，可以抓住用户的眼球。想要让文章更有呼吸感，小标题、上下文之间也要留有适当的间距，即排版中的留白。小标题和上文留白之间最好空两行；和下文留白之间最好空一行。这样就能通过视觉效果把文章各个模块明显地区分开。分段时也要空一行，上下文和配图之间空一行。

如果不留空行可能会让文章显得太拥挤，阅读体验感会直线下降，而空行太多又会让文章显得松散。

表 2-5　　　　　　　　　　　　　文章分板块示例

心造公众号文章《在乐清，这条龙守城千年》	
文章板块	文章内容
板块一：追述历史	早在明代，就盛传"村落糊楮，像龙首尾，裁版为身，机转辘轳，篝灯于上，从以金鼓，沿门索赏，谓之龙船灯。"这说的便是乐清龙档，传说能为此地祈来风调雨顺、五谷丰登
板块二：传承人介绍	黄德清和黄北这对父子，是目前仅存的能制作整条龙档的黄家第三代和第四代传人
板块三：工艺介绍	一条传统的龙档，长 40 多米，集木工、油彩、纸扎、龙灯、刻纸等工艺技法于一体，仅凭个人的力量，或许需要 3 年的时间才能完成。而在黄家父子的共同努力下，一年就能完成一条栩栩如生的龙档，将作品交付到需要的人手中
板块四：如何传承	黄北还创新出用于展示展览的微型龙档和作为普通家庭收藏、案头摆放的迷你龙档，期待让更多人感受这份技艺的绝妙，也希望真的能有人愿意来学一学这门手艺

心造公众号文章《三代宗师，满城皆知》	
文章板块	文章内容
板块一：追述历史	千灯镇位于苏州昆山，是江苏省历史文化名镇，距今已有 2500 年的历史。古镇物华天宝，人文荟萃，素有"金千灯"的美称。远在新石器时代，这里已有先民生存繁衍，创造了灿烂的史前文明。千灯历史上出过的名人很多，具有代表性的有顾炎武、顾坚等
板块二：传承人介绍	可万万没想到，古镇里竟然还有一道小吃能够如此出名，那就是千灯肉粽。高素琴是四时春饮食店的第三代传人，千灯肉粽的清香不知在这里飘扬了多少年。最早，高素琴的外婆经营着这家小吃店。那会儿，店里不仅卖粽子、包子、泡泡馄饨，还有烧饼、油条，以及各种糕点。祖上传下来的店，高素琴接手了自然不敢怠慢。从事文化工作的她，尽管从小看着长辈们包粽子，自己也自然而然有一定的基础，可毕竟仍是个"半路出家"的新手，在接这家店时，她决定一门心思做好粽子生意。现在，店里除了继续供应泡泡馄饨之外，其他品种的点心都不再出售了
板块三：工艺介绍	做粽子生意的那么多，为什么高素琴家的粽子能在千灯古镇内外受到那么多食客的喜爱呢？这里面有不少诀窍。高素琴说，想要做出好粽子，选料很关键，甚至连粽叶，她也是精心挑选，反复清理，方才使用，丝毫不马虎。拿肉来说，千灯肉粽要求每一块肉都是肥瘦相间，切成长条，放入米中，用这种方法包出来的粽子，可以让人咬下的每一口都有肉，口感肥而不腻。再说外形，高素琴包的是枕头粽，在裹的时候，既不能太紧，又不能太松，力道的控制都是她摸索了好一段时间才总结出来的经验。粽子质量高，外形好，口味佳，受人欢迎自然不足为奇了
板块四：如何传承	一间三代人经营的古镇饮食店，不仅代表的是家族的传承，更是千灯古镇历史变迁的见证者。或许，正是如此，即使江浙沪周边还有很多远近闻名的粽子，千灯老百姓钟爱的还是那口老味道

分段落：分段要标准，最好一段内容控制在 3～5 行，这是分段的"黄金比例"，会显得美观、整洁、大方。一段文字最好不要超过 7 行，而超过了 10 行，就会让手机满屏都是字，阅读起来可能产生阻碍。若是为了突出和强调某些段落，那可以适当地增加行间距，但切忌过大，控制在 2 倍行距之内，行距太大容易占据过多空间，严重降低阅读体验。

2. 文字对齐方式设计

图文号的文字对齐方式可以根据文章内容、长度来选择（见表 2-6）。

表 2-6　　　　　　　　　　　　　文字对齐方式示例

心造公众号《春天 愿在太湖的温柔乡里》图文搭配	
常用的是左对齐和两侧对齐	内容较少的，如诗词、短文案等可以使用居中对齐
 留白的设计一如它的名字，变幻的光影，简单的颜色，展现了"此处无色胜有色"的美。七间客房，两处花园，一处独立茶室，一处观山景露台，一间精巧的客用餐厅，让生活放空变慢，亲近自然，无拘无束。	 俗话说："方寸之地方显天地之宽"，是为留白。 万法无常，而缘起性空。 静水流深，则沧笙踏歌。
需要讲究意境构图的使用左对齐、右对齐	
 一山一湖水，一入一空间。 留一分白，偷一点空。	 飞白－观云， 余无事，但观云默坐，听雨高眠。 龟巢幸与相连，饮湖水清如饮菊泉。

3. 重点信息突出

图文排版的目的是帮助用户阅读和理解其内容。所以，重要的信息一定要让用户一眼就能看到。一般最常用的方法是把文字加粗或换色，也可以给文字加下划线，将文字放大等，主要就是形成对比，吸引用户眼球。善于强调、恰到好处地使用注释、引用等能给推文加分不少。重点和强调的内容，也可以用亮色凸显出来，但选择的亮色一定要鲜明，而且这个色彩最好符合绝大多数用户的口味。

方向实例　　　　**心造公众号案例：文章板块划分**

征集活动推文《苏州的城市伴手礼，公开征集创作人》这篇文章分成了 4 个板块：

1. 你初见的苏州；

2. 什么伴手礼可以代表这个城市；

3. 什么是城市伴手礼；

4. 公开甄选创作人。

文章中有很多需要提示读者注意的信息，因此排版上用了很多的细节设计，如表 2-7 所示。

表 2-7　　征集活动推文《苏州的城市伴手礼，公开征集创作人》的版式

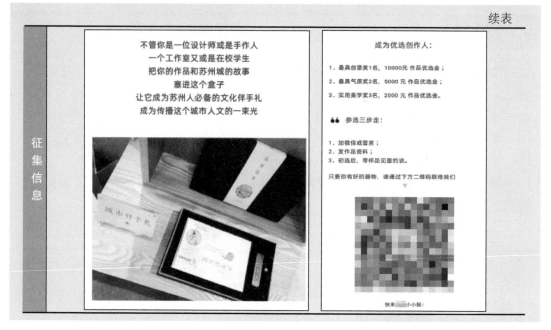

4. 图文排版

开头部分：图文内容的开头决定了整体的视觉风格，标题、图片和文字有重要的引导作用（见图 2-16）。用户如果对标题感兴趣，点进来之后，看到和标题内容关联度足够高的图片和文字时，会更加激发出好奇心，进而阅读完文章内容。每篇推文的标题和内容不会一成不变，所以一个灵活的品牌图片模板就起到了很关键的作用。一定要把图片套在模板里，在合适的、足够显眼的位置反复使用自己品牌的元素，让用户留下深刻印象。

图 2-16　拾遗公众号《成年人的自律，是降低对别人的期待》开头漫画+金句

结尾休止符号：每篇文章在结束时都需要给读者一个信号，告诉读者这篇文章已经结束，这时就需要添加一个元素——休止符。心造公众号的结尾是一段输出金句的"心语录"，在提示结尾的同时也发人深思（见图 2-17）。休止符的制作有几个方法：制作可以循环使用的休止符图片；直接用"End"；用编辑器里的分割线。

图 2-17　心造公众号结尾的"心语录"

往期推荐：在文章末尾放往期推荐是很有必要的（见图 2-18），如果用户对你推荐的往期内容感兴趣，就会点进去，这可以有效提高往期文章的阅读量。往期推荐的形式有两种：文字形式和图文形式。编创者可以根据公众号的风格选择不同的形式。往期推荐最好只放两三个，否则会多占版面，显得不美观。

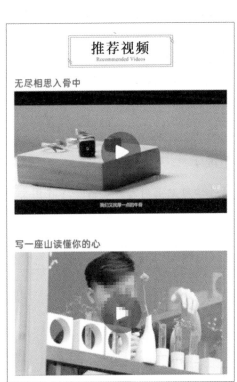

图 2-18　心造公众号结尾的推荐

引导关注：这里可以做一张富有个人特色的二维码，写上一段有感染力的话引导关注或转发（见图 2-19）。

图 2-19 心造公众号结尾引导关注

引导点击"在看"、点赞：当用户阅读完你的文章时，需要提醒用户点击"在看"和点赞。这两种功能都是用户对文章态度的一种轻量表达。从用户角度来看，点击"在看"更像是推荐；而点赞是一种肯定，既不用担心点赞的内容会被其他好友发现，又能表达自己对作者或文章价值的肯定。

5. 图片搭配技巧

图片色彩基调和内容相符，能让整个版面显得简约和协调。适当使用动图使文章显得生动有活力，能抓人眼球。例如日食、下雪、下雨、上升、下降，以及热气腾腾的饭菜等动图，让人很有代入感，能渲染气氛、表达情绪，并配合文字将内容表达得更恰当。

【答一答】

通过学习以上内容，思考一下在图文发布方面，从哪几个方面入手有助于吸引用户的注意力？

_____

_____

自我检测

一、单选题

1. 图文号是个人或企业运用网络信息化手段，（   ）的载体。

    A. 发布文章和观点　　　　　　　　　B. 分享知识及个人理念

    C. 宣传企业文化　　　　　　　　　　D. 以上均是

2. 目前覆盖人群最多的图文号是（   ）。

    A. 大鱼号　　　B. 新浪微博　　　C. 微信公众号　　　D. 百家号

3. 实时热点会在每天的（   ）爆发。

    A. 6：00—8：00　　　　　　　　　B. 16：00—19：00

    C. 12：00—14：00　　　　　　　　D. 以上均是

4. 微信公众号为什么要做垂直细分领域？（   ）

    A. 大众市场已经被寡头垄断，生存机会很小，细分领域有更大的开拓空间

    B. 有固定的受众

    C. 有流量变现的通道

    D. 有更多的粉丝群

5. 图文号的选题是（   ）来做。

    A. 按用户的需求　　　　　　　　　　B. 依照自己的兴趣

    C. 根据时尚潮流　　　　　　　　　　D. 依靠媒体资源

6. 图文编创的作者需要具备（   ）。

    A. 用户思维　　　B. 大众思维　　　C. 营销思维　　　D. 共享思维

二、多选题

1. 选择热点时可参考（   ），这些平台基本上涵盖了当下所有的热点事件。

    A. 新浪微博　　　B. 今日头条　　　C. 百度风云榜　　　D. 腾讯新闻

2. 图文号的传播优势包括（   ）。

    A. 传播速度快　　　B. 传播互动性强　　C. 传播精准　　　D. 信息真实度高

3. 图文号的特点有（   ）。

    A. 内容个性化　　　B. 操作便捷化　　　C. 媒体无界化　　　D. 容易打造品牌

4. 热点的分类包括（   ）。

    A. 实时热点　　　B. 民生热点　　　C. 影视热点　　　D. 趣闻热点

5. 主题创作内容需要（   ）。

    A. 给人带来诸多参考和借鉴的原创性内容

    B. 以自身精准的内容需求定位

    C. 精致的原创视频

    D. 精美的文字排版

    E. 精细化的内容生产模板

6. 图文号的内容需要满足用户（　　　）。

    A. 认知的需求　　　　　　　　　B. 情感宣泄的需求

    C. 个人整合的需求　　　　　　　D. 社会整合的需求

三、判断题

1. 图文创编是指在新媒体平台上根据主题通过创作、编辑，在新媒体平台发布文字、图片、视频等相关综合内容的过程。　　　　　　　　　　　　　　　（　　）

2. 自媒体与用户的距离更远，信息更容易获得，交互性较传统媒体更为强大。（　　）

3. 所谓"痛点"，就是在最恰当的时机和领域，提供一个解决方案或提供满足用户心理的内容。　　　　　　　　　　　　　　　　　　　　　　　　　　（　　）

4. 如果传播的内容及时，便利地满足了用户的需求，用户就不会转发分享了。

                                                  （　　）

5. 标题多用短句，少用复杂的长句。　　　　　　　　　　　　　　　　（　　）

四、名词解释

1. 图文编创

2. 痛点

3. 民生热点

4. 垂直领域

五、简答题

1. 微信公众号按照功能分为几种？有什么区别？

2. 受众的痛点包括哪些内容？

3. 做一个商业化的垂直图文号需要思考哪些问题？

4. 图文号广告植入式内容包括哪些？

5. 图文号的内容为什么要满足社会整合的需求？

6. 图文号常用的金句类型有哪几种?

六、论述题
如何做一个符合用户需求的图文号?

七、综合题
根据表 2-2 的标题类型+修辞手法匹配表,分析表 2-8 中的标题属于哪种类型。

表 2-8   标题类型分析

标题	标题类型
《部分当代年轻人的消费观,1000 元可以花,10 元必须省》	
《没有完美的 30 岁,只有最好的自己》	
《打破一二级市场壁垒,智慧交通如何驶入下一站》	
《袁隆平:一个人的世界,应该尽量大于自己》	
《成就最高的那批人,和普通人究竟有什么区别》	
《如果母爱有名字,一定叫作李焕英》	
《女护士路边跪地救人,那一刻她忘了自己是白血病患者……》	
《比尔·盖茨认为,4 件事区分了"实干家"和"空想家"》	
《诺贝尔奖的秘密:两点之间未必直线最短》	

项目实施

一、项目导入

　　心造公众号于 2015 年 7 月完成认证，2015 年 10 月 1 日正式上线发布原创视频，并以每周发布一两条微纪录短片的速度更新。心造视频总推荐量在 1404 万次以上，心造文章总阅读数在 270 万次以上，其视频在腾讯视频平台的总播放量在 263 万次以上，心造头条号视频总播放量在 378 万次以上。本项目以心造原创视频自媒体品牌案例为范本，让学生实施在手机端和计算机端分别注册公众号并进行原创内容的选题策划、内容组织和编辑发布。

二、实施目标

　　本项目是为了让学生通过项目，进一步认识图文号的类别、图文号传播的特点，认识到图文号在当前社会生活中的传播价值，以及编创者需要具备哪些专业的知识和职业能力，掌握图文内容的选题策划、内容组织，以及编辑发布的专业知识和操作能力。

三、实施步骤

　　首先完成知识准备部分内容的自学，了解图文号的概念与内涵，熟悉当前主流的图文号平台的类型和特征，掌握图文号选题策划、内容组织与编辑发布的方法与技巧，同时熟知图文号发布的相关规定和技巧。

　　课中部分通过任务驱动的方式，以苏州方向文化传媒股份有限公司商业案例——心造公众号为示范进行方法讲解，然后经过分组讨论、自主研习与教师讲评等环节依次进行训练，巩固学生对图文号的概念与内涵的认知，加强对图文号编创与发布规则的理解，为后续具体项目的展开打下坚实的基础。

　　项目的具体任务采用线上线下混合的教学方式，让学生以小组为单位合作，通过小组同学的集思广益，共同完成学习任务。

四、任务分析

　　学习心造公众号的选题策划思路，注册微信公众号，通过分析项目任务，确定图文号的编创目标，明确图文内容的编辑排版方法，细化图文号编创的实施流程。

任务一　微信公众号注册　↓

子任务 1

（一）任务描述

手机端注册。在手机端根据以下步骤注册微信公众号。

（二）方法步骤

第一步：在手机应用商店下载订阅号助手 App，安装好之后打开软件。

第二步：选择登录，注册新账号，点击实名认证，输入注册人信息并点击注册。

第三步：重新登录，进入界面编辑图片、文字、视频内容。

（三）实战训练

将实施步骤截图保存，上传至在线教学平台。

（四）评价总结

小组内同学根据学习情况进行讨论和评议（见表 2-9），再由教师或企业导师点评总结。

表 2-9　　　　　　　　　　　　　学生互评表

知识目标	自我评价	能力目标	自我评价	素质目标	互相评价
痛点	A B C D E	通过小组讨论思考用户的痛点	A B C D E	团队协作精神	A B C D E
解决痛点的方法	A B C D E	通过分析痛点找到解决痛点的方法	A B C D E	思考分析能力	A B C D E
				协调沟通能力	A B C D E

子任务 2

（一）任务描述

计算机端注册。运用计算机，根据以下步骤注册微信公众号。

（二）方法步骤

第一步：打开浏览器搜索"微信公众平台"，找到官网后单击进入。进入微信公众平台后台页面后，单击页面右上方"立即注册"按钮（见图 2-20）。

第二步：选择注册的微信公众号的账号类型（见图 2-21），个人账号请单击"订阅号"选项。账号类型一旦确定，就不能更改。

图 2-20 微信公众平台注册页面

图 2-21 选择账号类型页面

第三步：填写基本信息（见图 2-22）。先将邮箱地址填写好，再单击"激活邮箱"按钮。登录邮箱查看激活邮件，填写邮箱验证码激活。激活后设置好密码，最后单击"确定"按钮。

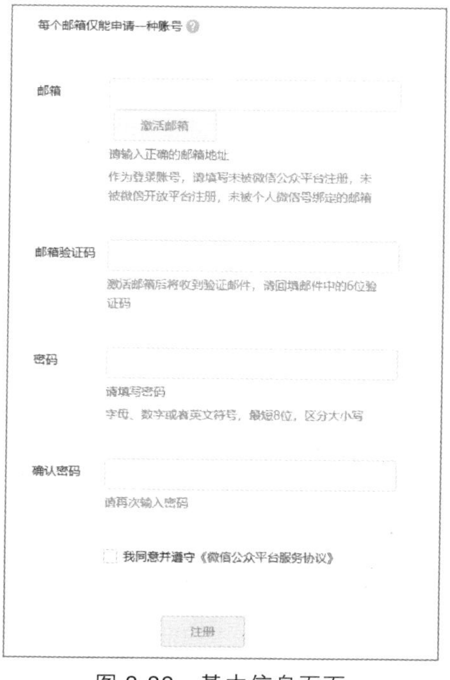

图 2-22 基本信息页面

第四步：选择公众号账户类型，单击进入信息登记页面，选择"个人"主体类型（见图 2-23）。

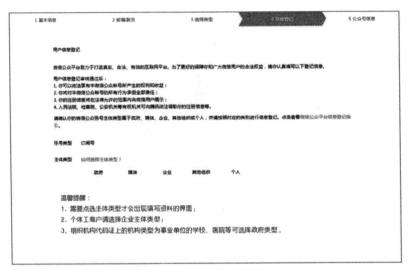

图 2-23　选择公众号账户类型页面

第五步：输入主体信息（身份证姓名、身份证号码、管理员手机号码）进行实名登记（见图 2-24），登记完成后单击"获取验证码"。输入验证码后单击"继续"，用微信扫描管理员身份验证二维码进行身份确认。在微信身份验证页面，确认遵守协议并确认完成验证。完成身份验证后页面会提示主体信息提交后不可修改。确认好身份信息无误后，单击"确定"按钮。

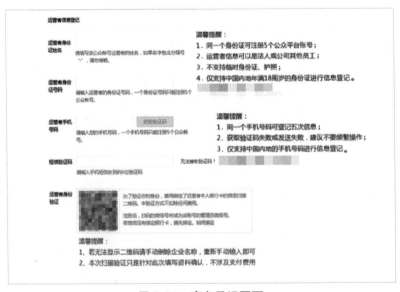

图 2-24　实名登记页面

第六步：输入账号名称以及功能介绍（见图 2-25），最后单击"完成"按钮，系统提示"信息提交成功"，公众号就注册成功了，此时就可以单击"前往微信公众平台"。

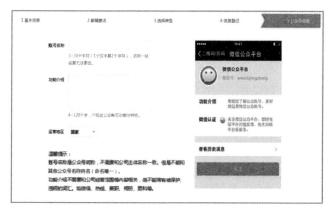

图 2-25 公众号功能介绍页面

（三）实战训练

将实施步骤截图保存，上传至在线教学平台。

（四）评价总结

小组内同学根据学习情况进行互评（见表 2-10），再由教师或企业导师点评总结。

表 2-10 学生互评表

知识目标	自我评价	能力目标	自我评价	素质目标	互相评价
痛点	A B C D E	通过小组讨论思考用户的痛点	A B C D E	团队协作精神	A B C D E
解决痛点的方法	A B C D E	通过分析痛点找到解决痛点的方法	A B C D E	思考分析能力	A B C D E
				协调沟通能力	A B C D E

子任务 3

（一）任务描述

图文号运营思路设计。分小组讨论，选择各小组的图文内容，进行运营思路分析，并完成表 2-11。各小组可参考心造公众号进行运营思路设计。

表 2-11 图文号运营思路设计

图文号的运营者是谁	
图文号运营者的资源优势有哪些	
图文号的目标用户是谁	
图文号的目标愿景是什么	
我能为用户提供什么垂直内容	
可参考的同类图文号有哪些	
这些内容有什么独特价值	
图文号风格描述	
教师评价	

方向实例　　　　　　　心造公众号运营实训

要运营一个公众号，首先要对企业的需求及可利用资源的进行深入了解，根据企业自身的情况去定位公众号。在整体内容方向定位前期需考虑多个问题。心造公众号运营思路如表 2-12 所示。

表 2-12　　　　　　　　　　　　　心造公众号的运营思路

公众号的运营者是谁	苏州方向文化传媒股份有限公司
公众号的目标用户是谁	对城市文化和手工艺感兴趣的人
公众号的目标愿景是什么	用高品质的原创视频记录下美好的人、事、物，进而影响一些人的审美取向以及生活方式
我能为用户提供什么垂直内容	高品质原创视频，有灵气、有调性、有情怀的短视频内容和文字、图片，具体包括以下 4 类内容。 "城事"：一切发生在身边的有关于美的人与事； "乡村"：一切关心绿色公益和农村改造的人与事； "心传"：一切保护与传承国学文化和非物质文化遗产的人与事； "智造"：一切只为更好的世界，用智慧创新创业的人与事
这些内容有什么独特价值	对传统文化、传统手工艺的继承创新方面的引导宣传，通过名人对城市文化进行推广宣传，积极组织参与社会公益活动，真正起到媒体的引导、宣传、推广作用

（二）方法步骤

第一步：以小组为单位，进行头脑风暴。

第二步：小组成员分工，分头进行调研分析。

第三步：汇总资料，完成表格内容的填写。

（三）实战训练

经过调研分析，确定公众号的定位及提供的垂直内容。

（四）评价总结

小组内同学根据学习情况进行讨论和评议（见表 2-13），再由教师或企业导师点评总结。

表 2-13　　　　　　　　　　　　　　学生互评表

知识目标	自我评价	能力目标	自我评价	素质目标	互相评价
图文公众号	A B C D E	注册公众号	A B C D E	团队协作精神	A B C D E
图文号头像账号	A B C D E	设定公众号账号头像	A B C D E	思考分析能力	A B C D E
图文号运营策略	A B C D E	制定公众号运营策略	A B C D E	协调沟通能力	A B C D E

任务二　图文号选题策划 ↓

子任务 1

（一）任务描述

网络热点调研。借助微博热搜、百度热搜风云榜、微信指数、微舆情、知微传播分析、百度指数、头条指数等网络调研工具，进行网络热点调研，了解最近一周的 10 个热点、10 个热词、10 条热搜新闻，完成表格的填写。

（二）方法步骤

第一步：以小组为单位进行分工调研。

第二步：小组成员讨论调研结果并汇总。

（三）实战训练

把经过讨论确定的热点、热词、热搜新闻填入表 2-14，以便确定公众号可以结合的近期网络热点。

表 2-14　　　　　　　　　　近期热点、热词、热搜新闻汇总

平台	热点	热词	热搜新闻
微博热搜			
百度热搜风云榜			
微信指数			
微舆情			
知微传播分析			
百度指数			
头条指数			

（四）评价总结

小组内同学根据学习情况进行讨论和评议（见表 2-15），再由教师或企业导师点评总结。

表 2-15　　　　　　　　　　　　学生互评表

知识目标	自我评价	能力目标	自我评价	素质目标	互相评价
网络调研工具	A B C D E	调研工具的使用	A B C D E	团队协作精神	A B C D E
热点	A B C D E	热点调研分析	A B C D E	思考分析能力	A B C D E
热词	A B C D E	热词调研分析	A B C D E	协调沟通能力	A B C D E
热搜新闻	A B C D E	热点的植入	A B C D E		

⚇ 方向实例   《杨绛：在振华怀里度着欢欣不变的日子》

热点：2016年5月25日凌晨1时，著名作家、文学翻译家和外国文学研究家杨绛在北京协和医院病逝，享年105岁。作为实时热点，"纪念杨绛先生"必将在24小时内成为各个媒体的热议话题。心造公众号在此前刚刚完成一部《振华女中》的纪录片，振华女中正是杨绛的母校，编辑在第一时间抓住这一热点，以纪念杨绛先生为主题发布了文章，同时介绍了振华女中及学校的教育理念。

杨绛：在振华怀里度着欢欣不变的日子

杨绛，是钱锺书眼中"最贤的妻，最才的女"。这位贤妻、才女儿时进的是启明女校、振华女中，长大后上的是清华大学、牛津大学，从小到大上名校，"好的教育"几乎伴随了杨绛一生。

苏州振华女中（今江苏省苏州十中）的校园里留下了杨绛少年时代的气息（见图2-26）。她与这所中学结下了近百年的缘分。杨绛常说，母校有一种特有的味儿，学生们带着这种味儿离开母校，无论到哪里，干的是什么工作，无论是荣是辱，无论是贫是富，这种味儿一直没有变，会伴随一生。

图 2-26　振华女中校舍

如今，振华的校园依然到处有杨绛的气息（见图2-27）。

图 2-27　振华女中校友墙

让我们走进百年振华女中,了解杨绛先生一直深爱着的母校。图 2-28、图 2-29 所示分别为振华女中校园及其他老照片。

图 2-28　振华女中校园

图 2-29　振华女中老照片

"我已经说过,因为我是一个特别生的原故,和许多同学都有过同班之谊,相熟的人也就比较多了。想起那些熟识的脸,我真愿时光倒流到十年前!让我在此世间,第一次识得深厚的友谊的是季康。我可以一点不含糊地记起,我们怎么认识起来,我们曾说过怎样痴呆的话。虽然那时振华的校舍,那样湫隘,那样少有赏心悦目的地方,然而它留给我们的是多少难以忘怀的回忆!那'豆腐干'大的操场上,我们踏着月,数着星星,多少痴话在嘴里流出。我们的心像云那样轻飘,我们的幻想,比五月的黄昏还绮丽。星辰偷换着,我们躲在振华的怀里度着欢欣不变的日月!

"那时学校特允我课余可到校外散步。我同季康几人,常爱到天赐庄一带。特别是天赐庄的大河滩上,常有我们的足迹。几人一坐下,看水面来去的船,看隔岸的苇草,看闲飞的白鸽,看城墙上吐出的云霞,太阳已在西下了,我们正在说些诉不完,听不厌的梦话。等候着天上第一颗星从水底出现,这才一路迎着黄昏,走进满街灯火深处,回到学校。"

——《听杨绛谈往事》吴学昭

子任务 2

（一）任务描述

痛点分析。小组讨论分析图文号要解决的痛点，讨论如何解决痛点，完成表格的填写。

（二）方法步骤

第一步：以小组为单位，进行头脑风暴，找出解决痛点的方案。

第二步：小组讨论确定提高用户黏性的方法，对讨论结果进行汇总，完成表格的填写。

（三）实战训练

经过调研分析，确定公众号要解决的痛点以及怎样解决痛点，并完成表 2-16。

表 2-16 　　　　　　　　　　　　　用户痛点分析

用户痛点是什么	
如何帮助用户解决痛点	
如何提升用户黏性	

（四）评价总结

小组内同学根据学习情况进行讨论和评议（见表 2-17），再由教师或企业导师点评总结。

表 2-17 　　　　　　　　　　　　　学生互评表

知识目标	自我评价	能力目标	自我评价	素质目标	互相评价
痛点	A B C D E	通过小组讨论思考用户的痛点	A B C D E	团队协作精神	A B C D E
解决痛点的方法	A B C D E	通过分析痛点找到解决痛点的方案	A B C D E	思考分析能力	A B C D E
				协调沟通能力	A B C D E

子任务 3

（一）任务描述

垂直领域分析。学习心造公众号的定位，以小组为单位分析图文号所涉及的垂直领域，以及在运营过程中可以如何嫁接。小组讨论并回答表 2-18 中的问题，分组完成选题策划会，并使用思维导图记录会议内容。

（二）方法步骤

第一步：以小组为单位，进行头脑风暴。

第二步：小组成员分工，进行调研分析。

第三步：以小组为单位，汇总资料，完成表格内容的填写。

（三）实战训练

经过调研分析，确定公众号的定位以及提供的垂直内容，并完成表 2-18。

表 2-18　　　　　　　　　　　垂直领域分析

你所擅长的行业是什么	
在你的行业中用户最大的需求是什么	
你要给关注你的用户提供什么	
你的公众号是公益类还是收费类	
如何实现商业变现	

（四）评价总结

小组内同学根据学习情况进行讨论和评议（见表 2-19），再由教师或企业导师点评总结。

表 2-19　　　　　　　　　　　学生互评表

知识目标	自我评价	能力目标	自我评价	素质目标	互相评价
垂直领域	A B C D E	垂直领域确定	A B C D E	团队协作精神	A B C D E
垂直领域嫁接	A B C D E	垂直领域嫁接的方法	A B C D E	思考分析能力	A B C D E
商业变现	A B C D E	商业变现的路径	A B C D E	协调沟通能力	A B C D E

⤭ **方向实例**　　　　　　　　　**心造公众号的定位**

心造公众号用年轻化、高规格的影像和文字介绍传统手工艺，展现匠人匠心。其用户群体主要是中产阶级，因此心造公众号整体以小资格调为主。心造公众号用户需求分析清晰，内容定位较为精准，针对中产阶级消费能力和社交属性较强的特点，公众号定位在精致生活方式的分享，直击中产阶级消费理念，最终通过视频的方式实现变现。

任务三 图文号内容组织

子任务 1

（一）任务描述

填写选题表。完成图文号一期内容选题表的填写。

（二）方法步骤

第一步：以小组为单位，讨论选题内容。

第二步：小组成员分工进行资料的收集。

第三步：以小组为单位，讨论和汇总资料，完成表格内容的填写。

（三）实战训练

经过采访调研，确定选题内容，找到写作的切入点，完成表 2-20。具体可借鉴心造公众号选题表（见表 2-21）。

表 2-20　　　　　　　　　　　　选题表

主题		相关图片
背景介绍		
人物介绍		
主题概述		
主题特征	时效性　　情感共鸣　　冲突性 名人效应　　趣味性	
选题要点阐述		
教师评价		

表 2-21　　　　　　　　　　　心造公众号选题表

嘉宾姓名	朱××	职　业	新锐动画导演	
人物介绍	朱××，1988 年生于南京。2014 年毕业于东京艺术大学研究生院动画专业。根据她幼年记忆改编成的作品《杯子里的小牛》在各个国际动画节上获得了 24 个奖项。她现居江苏苏州，以独立动画人的身份在国际范围内从事艺术活动			相关图片（略）
主题概述	一个谎言编织的童年记忆，两年积淀她把回忆付诸画笔。毕业设计作品《杯子里的小牛》始于一份情怀，却意外在国内外得到高度认可。从此，国际动画界多了一位情感细腻、画风独到的中国新锐动画导演。而朱××最难能可贵的，是在荣誉面前不忘初心。她用自己的坚持，以最自由的创作状态，做最纯粹的动画作品			
选题要点阐述（故事的主题从哪些方面表现，选取最能凸显嘉宾特质的话或事件，并进行说明）	1. "动画是一种可以非常直观地表现作者视点的自由而纯粹的艺术，这也是我喜欢它的原因。"从广告转学动画，不是心血来潮，而是遵从爱好与自我定位后的慎重改变 2. "有些时候，创作和商业的理念是背道而驰的，创作中自由的、不怕失败的尝试是最可贵的，也是学生可以有资本去做的。"动画专业的学生不应该被教条和理论束缚。形成自己的独立风格，在创作过程中去流程化，才能让灵感源源不断地迸发 3. "作为作者，创作新的东西时，没有那么多成竹在胸，具有冒险成分和偶然性。"《杯子里的小牛》是朱××在不断的积累和摸索中完成的。她选取幼时难忘的片段，整合关于父亲的记忆碎片，通过人为的桥接，形成最初的剧本。又根据每段动画成片的演示去调整剧情走向。这比按照既定的流程按部就班地创作更令她快乐 4. 朱××的纯粹体现在各个方面：她创作的初衷、她通过作品所表达的东西、她用来表现的手法、她的工作生活状态无一不印证着"纯粹"两个字。作为中国的独立动画人，可以简单，但不能简陋			

（四）评价总结

小组内同学根据学习情况进行讨论和评议，再由教师或企业导师点评总结。

子任务 2

（一）任务描述

收集图文素材。根据选题收集相关的图片和影像素材，收集方式包括采访、调研、拍摄。

（二）方法步骤

第一步：小组分工完成图文素材的收集工作。

第二步：以小组为单位，完成素材的收集、汇总任务，并完成表格内容填写。

（三）实战训练

经过采访、调研、拍摄，收集撰写文章所需要的文字、图片及影像。

⤬ **方向实例**　　　　　**心造公众号案例：素材收集**

心造公众号作为一个致力于输出原创内容的公众号，最后在视频和文章中呈现的都是第一手资料，因此在拍摄和写作之前要做好素材收集工作。例如，关于新锐动画导演朱××的专题，在拍摄和写作之前，编辑收集到了以下素材。

人物介绍：朱××，1988 年生于南京。2014 年毕业于东京艺术大学研究生院动画专业。根据她幼年记忆改编成的作品《杯子里的小牛》在各个国际动画节上获得了 24 个奖项。她现居江苏苏州，以独立动画人的身份在国际范围内从事艺术活动。

获奖影片：《杯子里的小牛》（2014 年）

剧情介绍：爸爸告诉 4 岁的女儿图图，她的牛奶杯底下藏着一头小牛。图图相信了爸爸，喝掉了她所有的牛奶，但没有找到小牛。图图渐渐不相信这个总是对她撒各种谎的爸爸了。

获奖情况：俄罗斯 KROK 国际动画节最高奖，韩国富川国际学生动画节最高奖等 24 个奖项。

人物访谈自述：我一个人来到日本留学，之前在国内学的是广告，动画还只是自学。2011 年我凭借当时的拙作《Loft》有幸被东京艺术大学研究生院动画专业录取，这对我来说是极其重要的。学校给了我很好的接触世界各地动画的机会，拓宽了我的视野。每一次获奖我都要感谢学校，感谢恩师们给我的艺术上的启蒙。

《杯子里的小牛》是我耗时两年创作的，是一个关于父亲和女儿之间的谎言的故事。故事的灵感来源于我的亲身经历：小时候，爸爸曾为让我喝牛奶而骗我说杯子底下有一头小牛在洗澡，而等我喝完后他又会说，小牛被我喝到肚子里去了。我一直觉得这个故事简单但存在戏剧性，一直都想把它做成作品，而动画就是最合适的表现形式。法国动画导演米歇尔·奥斯洛曾说过他的 4 条创作原则："要真诚，不要说谎，爱人，并且恨人。"我尝试这样去要求自己。我觉得"爱人"说的是创作需要融入感情，"恨人"则是说切勿盲目地爱，也需要客观冷静地看待人。我在作品中对现实的故事进行了重构，存在不少情节的改编，但保留了自己儿时对世界的感受，那是我创作的初衷，也是灵感的源泉。

两年的创作时间算是我自己的一个节奏。我动作总比其他人要慢一些，我也为创作这个作品选择了留级。一般情况下，研究生院的学生是一年一个作品。草稿和描线都是我自己完成的，上色大部分是自己完成，后来截止日期快到时也请了一些朋友来帮我。这次媒体艺术节展出了不少我的手稿，还有记录我创作过程的录像。制作流程主要是用针管笔和色粉，在动画纸上作画。针管笔的质感比较硬，而色粉看起来比较软，两者结合起来就会形成一种很舒服的调和，是我喜欢的。我把画好的动画和背景，通过扫描仪扫描进计算机，然后再用 AE 和 FinalCut 进行编辑，最后让音效师和音乐师把声音加进去。简单来说就是这样。

我的恩师是曾经凭借《头山》获得奥斯卡提名的山村浩二导演，我受到他很大的影响。他在课上给我们介绍了爱沙尼亚的动画导演皮特帕恩的作品，让我对东欧的动画产生了兴趣，后来不少人跟我说，我这次获奖的《杯子里的小牛》有点东欧的感觉。其他我喜欢的还有俄罗斯动画大师尤里诺尔斯金和英国女导演鲁斯林福德等。

我们这代人最先接触到的是日本的动漫和美国的卡通，但其实真正好的东西往往不一定是流行的。想成为优秀的动画导演，需要吸取的还是精华。我很庆幸自己选对了专业，选对了老师，好的思想启蒙很重要。

（四）评价总结

小组内同学根据学习情况进行讨论和评议，再由教师或企业导师点评总结。

子任务 3

（一）任务描述

写作原创文章。根据收集到的图片和文字整理写作思路，再结合自己在采访中了解的内容组织文章内容，提炼主题。

⤬ 方向实例　　　心造公众号案例：文章写作

《一个谎言成就的 24 项国际大奖》

回忆的边角，像总也熨不平整的书页，掀开一点，就会带起许多本以为早已忘记的事情。

朱××最为深刻的童年记忆，是爸爸哄她喝牛奶时编的玩笑话："杯子里藏着一只小牛，牛奶喝完了你就能看到它了。"现在回想起来，那段时光大概是乳白色的，有着奶制品特有的醇香，经过岁月的调味和封存，还能品出若有似无的甜来。

把儿时记忆改编成动画短片的想法愈发强烈。终于在毕业那年，《杯子里的小牛》成型了。讨厌牛奶的囡囡，总对孩子撒谎的爸爸，明明很小却叫着"大综合商店"的杂货铺，雨怎么也下不停的江南小镇……都从朱××的记忆中争先恐后地涌进她的画稿里。

针管笔勾边，色粉上色，带着细微颗粒感的彩色粉末在纸上缓缓晕开。同时被温柔着色的，是父亲谎言背后的那份用心良苦。

朱××欣慰于《大圣归来》成熟的制作水平，但更钟情于上海美术电影制片厂《大闹天宫》前卫、个性的表现形式。她受邀参加过大大小小的论坛和讲座，每次都不遗余力地鼓励动画专业的学生"不迎合，少模仿，多创新"。她一直为自己独立动画人的身份而自豪，她将一种独立的精神贯穿于创作始终，并源源不断地把奇思妙想和严谨态度注入每一帧画面里。

朱××笔下的人物算不上传统意义的美，却被打上了鲜明的个人印记。她在荣誉面前不忘初心，以最自由的创作状态，做最纯粹的动画作品。世界那么复杂，需要一个人，一种艺术，带我们回归童趣、简单和爱。

（二）方法步骤

第一步：以小组为单位，讨论文章的写作策略和思路。

第二步：小组成员分工完成写作、校对的工作。

（三）实战训练

撰写文字内容，并且进行校对。

（四）评价总结

小组内同学根据写作情况进行讨论和评议，再由教师或企业导师点评总结。

子任务 4

（一）任务描述

设计图文内容。选择一位苏州的传统非遗手工艺大师，以表 2-22 中的文章板块为模板，编辑一篇文章。小组通过资料收集、整理、调研、编辑、采访等方式，获取内容，进行图文的设计。

表 2-22　　　　　　　　　　苏州非遗手工艺选题组稿

文章板块	文章内容
板块一：追述历史	
板块二：传承人介绍	
板块三：工艺介绍	
板块四：如何传承	

（二）方法步骤

第一步：小组根据主题讨论确定内容，然后进行调研。

第二步：整理调研资料，进行内容的编辑和写作。

第三步：根据写作内容设计图文。

（三）实战训练

根据指定主题进行调研、采访，撰写文字内容并且进行校对。

（四）评价总结

由小组内同学根据主题、写作情况进行讨论和评议（见表 2-23），再由教师或企业导师点评总结。

表 2-23　　　　　　　　　　　　　学生互评表

知识目标	自我评价	能力目标	自我评价	素质目标	互相评价
选题	A B C D E	选题确定	A B C D E	团队协作精神	A B C D E
素材	A B C D E	素材收集整理	A B C D E	思考分析能力	A B C D E
主题	A B C D E	主题确定	A B C D E	协调沟通能力	A B C D E
		文案撰写	A B C D E		

任务四　图文号编辑发布　↓

子任务 1

（一）任务描述

编辑图文内容。根据图文设计的原则，运用图文编辑表，将撰写的文字和图片，按照设计的先后顺序进行编辑排版（见表 2-24）。

表 2-24　　　　　　　　　　　图文编辑表

题目：	推广名：	
文字内容	插图	备注

（二）方法步骤

第一步：以小组为单位进行调研，讨论写作主题，设计图文。

第二步：整理图文内容。

第三步：编辑图文内容。

（三）实战训练

学习心造公众号图文编辑表（见表 2-25），根据特定主题进行调研采访，撰写文字内容并且进行校对。

表 2-25　　　　　　　　　　　心造公众号图文编辑表

题目：《一个谎言成就的 24 项国际大奖》	推广名：在复杂的大人世界坚守初心	
文字内容	插图	备注
回忆的边角，像总也熨不平整的书页，掀开一点，就会带起许多本以为早已忘记的事情。 朱××最为深刻的童年记忆，是爸爸哄她喝牛奶时编的玩笑话："杯子里藏着一只小牛，牛奶喝完了你就能看到它了。"现在回想起来，那段时光大概是乳白色的，有着奶制品特有的醇香，经过岁月的调味和封存，还能品出若有似无的甜来。		
把儿时记忆改编成动画短片的想法愈发强烈。终于在毕业那年，《杯子里的小牛》成型了。讨厌牛奶的固囝，总对孩子撒谎的爸爸，明明很小却叫着"大综合商店"的杂货铺，雨怎么也下不停的江南小镇……都从朱××的记忆中争先恐后地涌进她的画稿里。		
针管笔勾边，色粉上色，带着细微颗粒感的彩色粉末在指上缓缓晕开。同时被温柔着色的，是父亲谎言背后的那份用心良苦。		图片标注： 朱××|独立 动画导演

续表

题目：《一个谎言成就的 24 项国际大奖》	推广名：在复杂的大人世界坚守初心	
文字内容	插图	备注
朱××欣慰于《大圣归来》成熟的制作水平，但更钟情于上海美术电影制片厂《大闹天宫》前卫、个性的表现形式。她受邀参加过大大小小的论坛和讲座，每次都不遗余力地鼓励动画专业的学生"不迎合，少模仿，多创新"。她一直为自己独立动画人的身份而自豪，她将一种独立的精神贯穿于创作始终，并源源不断地把奇思妙想和严谨态度注入每一帧画面里。		
朱××笔下的人物算不上传统意义的美，却被打上了鲜明的个人印记。她在荣誉面前不忘初心，以最自由的创作状态，做最纯粹的动画作品。世界那么复杂，需要一个人，一种艺术，带我们回归童趣、简单和爱。		

（四）评价总结

小组内同学根据学习情况进行讨论评议，再由教师或企业导师点评总结。

子任务 2

（一）任务描述

使用编辑工具编辑图文。在秀米等微信公众号编辑软件或公众号后台进行文字及图片内容的编辑。微信公众号图文编辑流程如表 2-26 所示。

表 2-26　　　　　　　　　微信公众号图文编辑流程

步骤	图示	说明
登录编辑平台		进入微信公众平台登录界面，输入账号信息登录公众号后台
查看最近编辑		登录之后，在首页的"最近编辑"版块可以看到最近一次发布的图文消息
自建图文		在文本框里编辑图片和文字
保存		编辑好对应内容后单击保存并群发

续表

步骤	图示	说明
编辑多条		如果要群发多条，不需要退出编辑界面，只要保存好后单击左侧的"新建消息"选项，再选择相应的命令即可

（二）方法步骤

第一步：在编辑器中编辑文字。

第二步：在编辑器中插入图像。

第三步：用编辑器进行图文内容的编辑排版。

（三）实战训练

将前期撰写的内容在编辑器中进行排版。

（四）评价总结

小组内同学根据学习情况进行讨论和评议，再由教师或企业导师点评总结。

子任务 3

（一）任务描述

完成图文发布。将编辑完成的图文内容在公众号平台上发布，并将发布的图文内容截图上传至在线教学平台。

（二）方法步骤

第一步：发布编辑完成的内容。

第二步：根据目标用户群体情况进行推广转发。

（三）实战训练

发布图文内容，进行社群传播。

（四）评价总结

小组内同学根据学习情况进行讨论和评议（见表 2-27），再由教师或企业导师点评总结。

表 2-27　　　　　　　　　　学生互评表

知识目标	自我评价	能力目标	自我评价	素质目标	互相评价
图文排版原则	A B C D E	图文版式设计	A B C D E	团队协作精神	A B C D E
图文编辑器	A B C D E	图文编辑器的使用	A B C D E	思考分析能力	A B C D E
图文发布	A B C D E	发布方式及技巧	A B C D E	协调沟通能力	A B C D E

项目实施评价

一、学生自评表

自评技能点	佐证	达标	未达标
图文号定位	能够明确图文号的目标用户与定位		
微信公众号注册	能够清楚地表述微信公众号的注册步骤		
垂直领域	图文号能够提供细分垂直领域的内容		
同类图文号	调研了解可参考的同类图文号		
图文号选题	能够根据图文号定位选题		
图文号策划	能够撰写图文号策划方案		
自评素质点	佐证	达标	未达标
创新意识	能够找到图文号细分领域和切入点		
协作精神	能够和团队成员协商，共同完成实训任务		
资源整合能力	能够借助网络资源、周围人脉找到合适的选题		

二、教师评价表

自评技能点	佐证	达标	未达标
目标用户确定	能够分析图文号的构建目的		
用户画像	能够为图文号的受众进行用户画像分析		
平台分类	能够判断并明确图文号的优势、特点		
传播价值分析	能够判断图文内容的传播价值并提出优化意见		
传播思维运用	能够分析图文号文案的传播思维		
编创岗位技能	能够撰写图文的文案，并编辑发布		
自评素质点	佐证	达标	未达标
创新意识	能够找到图文号细分领域和切入点		
协作精神	能够和团队成员协商，共同完成实训任务		
资源整合能力	能够借助网络资源、周围人脉找到合适的选题		

拓展延伸

延伸案例 1　百度"百家号"

百家号作为百度的新媒体平台，在内容方面有一定的要求。

首先，字数方面要求至少 1200 字，否则内容就显得太空洞，不够充实，有点泛泛而谈。其次，内容上要给人一种实在感，见解明确、有证明、例子多，让人读后能有所收获，也即让人有获得感。最后，百家号要求图文结合，图片最好是高清的，看起来大方清晰，并且根据字数和排版，一篇文章设置 6～8 张图片较为合理。

在内容呈现方式方面，企业百家号拥有图文、直播、短视频、小视频、动态、图集、合辑、专栏等多元化的内容呈现方式，可以通过更多的维度呈现、解读品牌或产品信息，提高品牌形象和品牌亲和力。只要保证文章是原创的，而且有深度、有个人观点，一般都能通过转正审核。审核人员主要看文章质量，和百家号指数没有关系。

百家号推荐使用高级机器算法，主要的推荐考核指标有 5 个，分别是点击率、阅读完成率、阅读停留时间、互动量、账号等级。这 5 个指标的正面值越高，则被推荐、曝光的可能性越大。

影响点击率的因素：封面图+标题。

影响阅读完成率和阅读停留时间的因素：内容质量+排版+图片和文稿篇幅。

影响互动量的因素：内容质量+内容话题共鸣感。

影响账号等级的因素：内容质量+账号活跃度+账号健康度+账号垂直度。

一篇文章的整体推荐次数为 2 次，第 1 次推荐时系统会推荐给对此类文章最感兴趣的用户，也就是标签最契合的用户。接着，系统会根据用户对文章感兴趣的程度来判断，如这部分用户是否点击文章，以及点击后的阅读情况，系统根据这两个数据决定是否再次向该用户推荐文章。如果这部分用户对文章并不感兴趣，那么系统就可能只做少量推荐或不推荐了。

文章呈现效果与多个因素相关。因此在发布前，除了检查文章是否有错别字以外，还应该考虑其他问题，如文章是否有领域相关的关键词，关键词是否明显，系统能否识别出来。如果这些都没有问题，就要检查章标题以及文章中图片是否高清。此外，文章发出后，要注意有没有用户互动，如点赞、收藏、分享以及评论，可以在评论区进行引导性的回复，引导用户互动。如果有容易引起共鸣或有趣的评论，可以将其置顶。这些动作可以进一步地引导系统对文章进行第三次分发。

【答一答】

请分析一下百家号在变现上具备的优势。

_____

_____

延伸案例 2　"条漫"的发展趋势

随着新媒体技术的发展，许多行业正在更新换代。从一定程度上看，微信公众号正试图为漫画搭建起一个新的平台和运营模式。微信公众号上的漫画作品之所以能够快速地被用户认可，是因为它本身具有的特征和新媒体的传播规律较为吻合。

近年来漫画类的微信公众号涌现出不少，如"少女兔""吾皇万岁""锦鲤青年"等。漫画微信公众号主要以短篇漫画为主，叙事内容多是贴近用户生活的小故事、小场景，以此获得共鸣，来达到大量转发的目的。漫画作品可以借由用户喜欢的形式，进一步向包括政府部门宣传，城市、旅游景点介绍，以及各类商业广告领域拓展。但值得注意的是，在微信公众平台上的漫画作品，文案是重中之重，甚至到了和画作本身同等重要的程度。与此同时，作品的题目也变得至关重要。如何吸引用户打开文章阅读，是编创者需要不断思考的问题。无论是选题、文字还是画风，编创者都需要抓住当下的热点，并随着流行的趋势及时调整。条漫的主角设定及风格特征如下。

1. 固定人物形象

"少女兔""吾皇万岁"等微信公众号长期占据着清博指数动漫榜单的前 10 位。这几个微信公众号的漫画作品有比较固定的人物形象。

例如，"吾皇万岁"（见图 2-30）可以说自带 IP 流量。之前《就喜欢你看不惯我又干不掉我的样子》系列漫画图书在线下走红，"吾皇""巴扎黑"和"铲屎官少年"的形象深受用户欢迎。而今，利用微信公众号，编创者能第一时间发布"吾皇"故事的最新作品，并及时同用户进行互动。这让"吾皇"等漫画人物以较高的频率和更丰满的形象出现在用户眼前，牢牢抓住了用户的喜好，在高频率维系用户群的同时，也利于其线下读物和周边产品的销售。

图 2-30　"吾皇万岁"条漫

2. 非固定人物形象

"锦鲤青年""不会画出版社"等漫画类微信公众号受到欢迎，这类公众号抛开以固定人物叙事进行创作的传统模式，长驱直入，以文案见长。"锦鲤青年"擅长寻找热点话题，以热点话题作为文案的出发点，将网络上的热点用诙谐的画风展开描述，以此创作出能引起用户共鸣，且让人喜闻乐见的作品。"锦鲤青年"也十分擅长用"文案+漫画"的形式，来创作出能提高用户地域自豪感或身份认同感的作品，如过年期间的《就地过年第一天，我开始想家了》（见图 2-31）。

图 2-31 "锦鲤青年"条漫

"不会画出版社"微信公众号在主题的选定上，十分擅长抓住用户的痒点和痛点。该公众号的作品定位为高配版的"心灵鸡汤"，用漫画来描绘都市男女日常的生活故事，囊括了亲情、友情、爱情，还有工作中的各种压力，在琐碎的小事和情绪中提炼出真挚的情感，来勾起用户柔软的情绪，给予用户感动和继续前行的勇气，如《毕业两年，我接受了自己只是普通人》（见图 2-32）。

3. 诙谐的画风

从漫画作品的画风来看，诙谐搞笑画风的作品在微信公众平台上的人气居高不下。例如，酷爱"戏说历史"的高人气微信公众号"混子曰"，利用"文案+漫画"的组合，把"解构主义"发挥到了极致，如《追大秦赋之前，快补一下秦国历史！》（见图 2-33）。而"胡渣少女"，单从微信公众号的名称来看就让人忍俊不禁，其选题、文字和画风更是走"无厘头"式的搞笑路线。

图 2-32 "不会画出版社"条漫

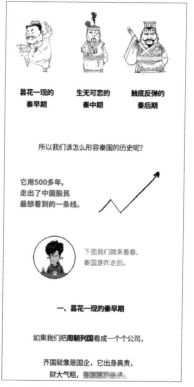

图 2-33 "混子曰"条漫

高人气的漫画微信公众号能将时下流行的热点成功融入作品当中，抓住年轻人的注意力。在微信公众号上，越来越多的领域喜欢并着手使用漫画去达到宣传或广告的目的。例如，深圳市卫健委微信公众号的口号是："最靠谱的科普，最有趣的灵魂。"其采用漫画的形式来宣传卫生健康知识，例如这篇《经常熬夜，身体会发生什么》（见图 2-34）。

图 2-34　深圳市卫健委微信公众号的漫画科普

条漫的制作门槛很高，前期工作繁杂且链条长。很多图文类微信公众号可以一天发一篇，但是条漫不行。一条质量还算过关的条漫，它的生产周期可能是一个星期，而且通常不是由一个人完成的，至少两人。无论是在时间、人力还是财力上，投入都较大。条漫像是这个内容时代的先锋部队，带着前卫的思想、敏锐的洞察力和独特的视角，走在整个内容浪潮的最前面，并随着传播媒介的演变而迁移、进化。

【答一答】

请分析条漫的文案有哪些特点？条漫比较适合表现哪些内容？

_____

_____

项目三

短视频编创

教学目标 ↓

知识目标

1. 了解短视频的概念
2. 熟悉短视频的主流平台
3. 掌握短视频的传播优势
4. 掌握短视频的策划制作流程
5. 熟悉短视频的表现形式

技能目标

1. 能够根据要求进行内容选题策划
2. 能够进行短视频拍摄提纲的写作
3. 能够进行短视频分镜头脚本的写作
4. 能够按照传播需求进行短视频标题、标签、封面和内容介绍的写作
5. 能够将短视频根据不同平台的特点进行编辑发布

素质目标

1. 能够树立创新意识，培养创新精神
2. 能够掌握理论和实践相结合的学习方法
3. 能够和团队成员协作，共同完成项目和任务

思维导图 ↓

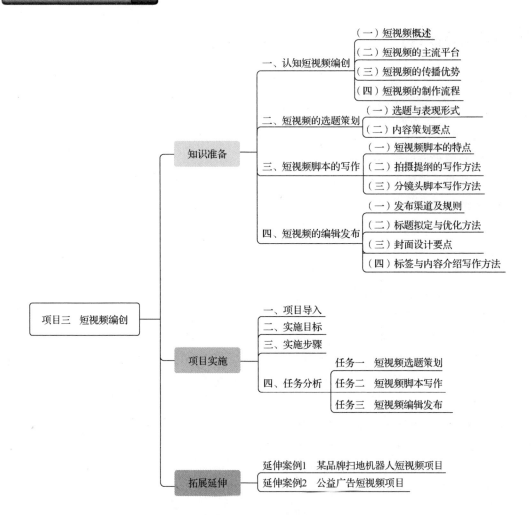

项目三 短视频编创

- 知识准备
  - 一、认知短视频编创
    - （一）短视频概述
    - （二）短视频的主流平台
    - （三）短视频的传播优势
    - （四）短视频的制作流程
  - 二、短视频的选题策划
    - （一）选题与表现形式
    - （二）内容策划要点
  - 三、短视频脚本的写作
    - （一）短视频脚本的特点
    - （二）拍摄提纲的写作方法
    - （三）分镜头脚本写作方法
  - 四、短视频的编辑发布
    - （一）发布渠道及规则
    - （二）标题拟定与优化方法
    - （三）封面设计要点
    - （四）标签与内容介绍写作方法
- 项目实施
  - 一、项目导入
  - 二、实施目标
  - 三、实施步骤
  - 四、任务分析
    - 任务一 短视频选题策划
    - 任务二 短视频脚本写作
    - 任务三 短视频编辑发布
- 拓展延伸
  - 延伸案例1 某品牌扫地机器人短视频项目
  - 延伸案例2 公益广告短视频项目

知识准备

一、认知短视频编创

短视频即短片视频，是一种互联网内容传播的方式，一般是指在互联网上传播的时长在 5 分钟以内的视频。随着移动终端的普及和网络的提速，短视频等短平快的内容逐渐获得各大平台、粉丝和资本的青睐。

本项目将对短视频的特征及具体表现、短视频的主流平台作简要的介绍，同时介绍短视频的传播优势与制作流程，使读者通过系列的实战训练，初步掌握相应的技能，能够按照工作需求进行短视频的编创。

思考问题

（1）什么是短视频？

（2）短视频有哪些特征及具体表现？

（3）常见的短视频平台有哪些？各自有哪些特点？

（4）短视频有哪些传播优势？

（一）短视频概述

短视频是近几年兴起的一种视频形式，以互联网为主要传播渠道，时长通常在 30 分钟以内甚至更短，具有内容精练、信息丰富，形式多样，互动性、话题性强等特点。它符合新媒体时代用户信息获取的习惯，能够满足用户对内容多元化的需求；同时，用户能够参与短视频创作，并将短视频发布到社交媒体平台，实现内容的快速传播与分享，这成为移动互联网时代短视频的主要特征之一。随着以抖音、快手为代表的短视频平台的崛起，时长为 15 秒至 5 分钟的短视频开始流行，推动了移动视频生态的重构及短视频营销的变革。短视频在网络传播中具体表现出以下特征，如表 3-1 所示。

表 3-1 　　　　　　　　　　短视频的特征及具体表现

短视频特征	具体表现
短	短视频时长较短，一般在 15 秒到 5 分钟，这就要求短视频在最短的时长内，有效地讲好故事、做好营销
小	话题一般不大，有聚焦，小而美，有情感、有价值观、有用户共鸣
轻	内容轻快明了，一般不是太沉重
直	短视频在表达主题和观点上往往开门见山，直截了当
新	新鲜、新颖、新奇、有新意
快	热点转瞬即逝，话题转眼就没，短视频终归是在互联网上传播的，互联网领域非常重要的一个法则就是"唯快不破"
碎	短视频的内容一般是碎片化的，而用户也会利用碎片化的时间观看短视频

（二）短视频的主流平台

短视频的主流平台有抖音、快手、微信视频号等，下面分别对其进行介绍。

1. 抖音

抖音于2016年9月正式上线，是一款立足于音乐创意短视频的社交软件，主要面向年轻群体。用户可以通过它分享各自的生活，同时也在这里认识更多朋友，了解各种奇闻趣事。抖音平台实质上是一个专注于年轻人的音乐短视频社区，用户可以选择歌曲，配以短视频，形成自己的作品。抖音短视频制作门槛较低，平台为视频制作提供了诸如背景音乐、特效道具、字幕模板等功能，让用户可以轻松实现视频的制作。抖音App的界面如图3-1所示。

2. 快手

快手是北京快手科技有限公司旗下的产品。快手的前身叫"GIF 快手"，诞生于2011年3月，最初是一款制作、分享GIF图片的手机应用。2012年11月，快手从纯粹的工具应用转型为短视频社区，成为一个记录和分享生活的平台。后来随着智能手机的普及和移动流量成本的下降，快手在2015年以后迎来了较大的市场。

在快手上，用户可以用照片和短视频记录自己生活的点滴，也可以通过直播与用户实时互动。快手的内容覆盖生活的方方面面，用户遍布全国各地。在这里，人们能找到自己喜欢的内容，找到自己感兴趣的人，看到更真实、有趣的世界，也可以让世界发现真实有趣的自己。快手App的界面如3-2所示。

快手的推荐算法的核心是理解。理解包括理解内容的属性，理解人的属性，理解人和历史内容的交互数据，然后通过一个模型，预估内容与用户之间的匹配程度。

3. 微信视频号

微信视频号是2020年1月22日腾讯公司正式宣布开启的平台。微信视频号不同于订阅号、服务号，它是一个全新的内容记录与创作平台，也是一个了解他人、了解世界的窗口。微信视频号的入口位置，放在了微信的发现页内，就在朋友圈入口的下方。

微信视频号的内容以图片和视频为主，可以是长度不超过1分钟的视频，或不超过9张的图片，还能带上文字和公众号文章的链接，而且不需要在计算机后台操作，直接在手机上即可发布。

微信视频号支持点赞、评论互动，用户也可以转发到朋友圈、聊天中，与好友分享。微信视频号的界面如图3-3所示。

（三）短视频的传播优势

短视频的传播优势体现在以下5个方面。

1. 短视频整体时长较短

短视频时长通常在5分钟以内，但不同平台、不同类型的短视频的时长也有所差异。因此，编创者可根据自身需要，灵活决定短视频的时长。

图 3-1　抖音 App 界面

图 3-2　快手 App 界面

图 3-3　微信视频号界面

2．满足不同的内容消费习惯

从浏览形式来看，短视频可以分为横屏短视频和竖屏短视频，二者迎合的消费习惯有所差异。其中，横屏短视频更适合观看时长相对较长的视频的用户，而竖屏短视频更适合喜欢快速切换及热衷观看音乐短视频的用户。

3．观看场景多元化

智能手机的快速推广、普及以及流量费用的降低，极大地丰富了短视频产品的观看场景。在公交、地铁、商场等各类生活场景中，人们都能随时随地观看短视频内容。

4．创作门槛较低，用户范围广

使用一部智能手机即可完成短视频的创作，而且不需要专业的知识与技能，人人皆可参与。和报纸、杂志、电视、广播主导的传统媒体时代不同的是，在短视频时代，人们不仅仅是短视频消费者，更是短视频生产者。这种双重角色属性，使人们更加积极地参与短视频内容的生产、传播及消费。

5．新型的消费形态

短视频不是长视频的缩短版，也不是图文内容的视频化，而是一种迎合互联网时代人们内容消费需求的新内容形态。短视频与长视频、直播、微博等内容形式之间有一定的相同点，但也存在明显差异，如表 3-2 所示。

表 3-2　　　　　　　　　　　　　　短视频与其他内容形式的比较

内容形式	与短视频的相同之处	与短视频的不同之处
长视频	视频型产品； 短视频可以是长视频的片段	长视频时长多在 30 分钟以上，信息容量高，以 PGC 为主； 短视频时长多在 5 分钟以内，适合碎片化时间观看，以 UGC 和 PGC 为主

续表

内容形式	与短视频的相同之处	与短视频的不同之处
直播	视频型产品，以 UGC 为主，突出个人特色，内容主题有相似； 短视频平台（抖音、快手等）逐步进军直播	直播时长多在 1 小时以上，以个人、活动等内容为主，实时播放； 短视频多在 5 分钟以内，内容更多元，包括个人、宠物、风景等，录制后播放
微博	浏览时间碎片化； 内容直击要点； 粉丝效应突出	微博以图文为主，流量聚焦于名人和"网红"，资讯性强； 短视频以影音为主，UGC 主导，流量分散，娱乐性更强

（四）短视频的制作流程

短视频的制作流程通常分为 6 个环节，即任务分析、选题策划、脚本写作、前期拍摄、后期剪辑、编辑发布，具体环节如图 3-4 所示。由于本项目主要讲的是短视频编创，即选题策划、脚本写作和编辑发布 3 个环节，因此其他环节的内容本项目不再赘述。

【答一答】

短视频的制作流程在不同公司和团队中会有很大的不同，图 3-4 介绍的是本项目的合作企业苏州方向文化传媒股份有限公司的短视频标准制作流程。请结合上面的内容回答，你觉得短视频制作流程中最重要的环节是什么？

_____

_____

二、短视频的选题策划

一条短视频是否能获得较高的播放量，取决于这条短视频的主题与形式。因此，短视频制作过程中，选题策划十分重要。

下面将对选题策划与表现形式、策划要点作简要的介绍，使读者通过系列的实战训练，初步掌握相应的技能，能够按照工作需求进行短视频的选题策划。

思考问题

（1）什么是短视频的主题？

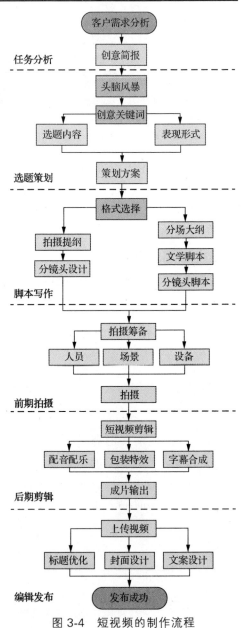

图 3-4 短视频的制作流程

（2）短视频有哪些表现形式？

（3）常见的短视频选题方向有哪些？

（一）选题与表现形式

对于短视频创作来说，短视频的选题至关重要。策划选题时，需要找到用户的精准需求，明晰目标用户的调性，才能有针对性地实现精准的信息传达和转化。

1. 常见的短视频选题方向

要想创作出优质的短视频作品，首先要明确短视频的选题方向，有了方向上的指导，再加上具有创意的内容，才能创作出被大众喜爱的短视频作品，才更容易精准地吸引用户。目前，比较常见的短视频选题方向有娱乐、生活、美食、科技数码、人文和产品等。

（1）娱乐

娱乐类短视频用户范围广，幽默、搞笑的内容最容易受到用户的关注。在这个快节奏的时代，人们往往通过观看此类短视频来调节心情、缓解压力，所以娱乐类短视频要保证其整体基调的愉悦、轻松性。娱乐类短视频体裁广泛，内容源源不断，每天的娱乐新闻、艺人动态等都可以作为制作此类短视频的素材。娱乐类短视频在形式上可以自演自说、自娱自乐，在内容上可以雅俗共赏，既能满足用户的猎奇心理，又能让用户感觉接地气。

（2）生活

生活类短视频有着不小的用户群体，此类短视频的内容主要涉及生活技能及日常社交。现在很火的一种生活类短视频的表现形式是 Vlog，编创者通过分享自己的日常生活，如日常穿搭、"萌宠"互动、旅游经历等，引起用户的好奇心，引发用户关注和积极互动；通过频繁的互动增加粉丝数量，提升用户黏性，使用户快速转化为忠实粉丝。生活类短视频通过分享日常生活中的小技巧，可以满足用户追求实用的心理诉求，一些实用的生活技能可以激发用户连续观看的动力，从而吸引更多的用户成为其粉丝。

（3）美食

美食一直是短视频创作中的热门选题，俗话说"民以食为天"，美食类短视频的用户群体非常大，因为几乎所有人对美食都没有抵抗力，而且美食类短视频的观看完成率很高。用户观看美食类短视频时，仿佛隔着屏幕就能闻到食物的气味，美食的诱惑力巨大。此类短视频不仅能使人身心愉悦，还能让人产生共鸣。我国几千年的美食文化，可以保证编创者在很长的时间内能够持续输出优质的内容。

（4）科技数码

科技的高速发展，数码产品的更新迭代，给编创者带来了源源不断的素材，因而编创者能持续输出新鲜的内容，以保持对用户的吸引力。随着智能手机等个人数码设备的普及，人们对数码产品的兴趣也在逐渐增大，所以，科技数码类也是不容忽视的选题方向。科技数码类短视频对时效性有着较高的要求，能否在第一时间得到第一手的资料，并在加工、处理后快速传递给用户，是对编创者的考验。需要注意的是，在科技数码类短视频领域，女性用户较前几个选题方向要少一些，因为女性对科技数码类信息的关注度相对较低。

（5）人文

人文类短视频也比较受欢迎，因为人类总会对未知的世界、未知的生活感到好奇，而人文类短视频正好满足了人们的这种心理需求。人文类短视频大多采用故事剧情的形式展现，更容易让用户产生代入感，为用户所接受，进而产生共鸣。

（6）产品

产品类短视频一般是由电商商家所做。由于商家对产品非常了解，有许多的产品知识储备供内容输出，可以节约大量的策划成本，所以，在做这个方向的选题时，商家可以结合自己擅长的领域，充分发挥专业特长，缩短选题策划的时间，提高工作效率。

以上选题方向，用户群体都比较广泛，而且容易搜集素材，能够保证编创者持续输出优质内容。其实选题方向还有许多，如泛知识、美妆、健康、文化、游戏、职场等，不胜枚举，重要的是深挖、细分与创意。例如，美妆类短视频不一定都是化妆教学，还可以是与减肥、闺蜜、男友、爱情等相关的故事性内容，或许"美妆+剧情"的形式更能吸引用户的眼球。

短视频的选题方向如图 3-5 所示。

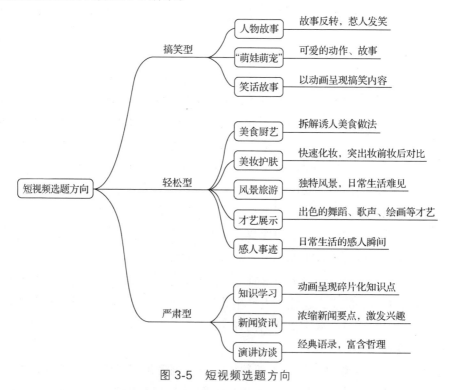

图 3-5　短视频选题方向

无论是哪个方向的选题，重要的是做出自己的特色。社会在不断发展，人们的审美与需求也在随之改变，所以视频选题要紧跟潮流，不断调整。短视频选题方向与参考标签如表 3-3 所示。

表 3-3　　　　　　　　　　　短视频选题方向与参考标签

选题方向	参考标签
娱乐	才艺、音乐、舞蹈、电竞、综艺、体育、电影……
生活	美妆、穿搭、运动健身、旅行、萌宠、生活美学……
美食	食谱、养生、特色小吃、厨艺、食材、厨房用品……
科技数码	科技资讯、国防、军工、制造、3C、摄影……
人文	情感、女性、颜值、农村、励志、剧情……
产品	产品评测、试用体验、教程、电商、家居、探店……

2. 短视频的表现形式

明确了选题方向，也就确定了短视频的内容。短视频内容的好坏会直接影响粉丝的数量，而短视频的表现形式决定了用户通过什么方式记住作品。短视频的表现形式主要有图文形式、录屏形式、解说形式、脱口秀形式、情景剧形式、模仿形式和视频博客形式。

（1）图文形式

图文形式是短视频最简单、成本最低的表现形式。这种形式是把要展示的内容拍成照片，然后用短视频制作软件把所有的照片按照一定的顺序制作成短视频，并配上语音和字幕，形成短视频内容。这种形式虽然制作流程简单，容易操作，但如果图片选择不当，就会导致呈现出来的视觉效果较差，容易让人感觉枯燥。

图文形式的视频一般没有主人公，就是简单地把要表达的信息以文字的形式放在照片或视频中，以传递价值观或展示情感。在抖音、快手等平台上，有许多以图文形式展示的火爆视频。例如，影视剧经典片段的截图、励志类或情感类的语句，配上适合的、经典的或流行的音乐，也会引来不少用户围观。不过，图文形式的短视频变现能力较差，因为没有人设，难以植入产品，不太容易让人产生信任感。

（2）录屏形式

录屏形式的视频多出现在教学类视频或实操类视频中，编创者通过录屏软件把计算机上的一些操作过程录制下来。在录制过程中可以录音，最终将内容导出为视频格式的文件。例如，一些教学类或操作说明类的短视频经常采用这种形式，一些游戏解说类或电子竞技类的短视频也是通过这种形式来制作的。

录屏形式不用真人出镜，视频素材也谈不上精美，但会吸引很多人来观看学习，从而体现出短视频内容的输出价值。这种方式操作起来比较容易，经过简单的学习之后，每个人都可以轻松上手。不过，此类短视频不容易获得平台的推荐。

（3）解说形式

解说形式是短视频运用得较多的一种表现形式。解说形式的短视频由编创者搜集视频素材并进行剪辑加工，然后配上片头、片尾、字幕和背景音乐等，解说形式的短视频最重要的是自己配音解说。优质的解说短视频可以申请视频原创，但平台会对解说短视频的素材进行审核，搜集的素材很容易被审核为重复视频，不容易获得平台的推荐。

解说短视频重点考验编创者的脚本策划、剪辑和配音水平，所选择的素材一定要适合所选的视频领域，这样才能获得平台的推荐，吸引更多粉丝的关注。例如，在制作美食类短视频时，编创者要向用户讲述某道美食的由来、做法、味道及品尝后的感受等，用户通过短视频只能看到美食的外观，这时就需要解说，来让用户感受到美食的魅力，进而产生想要品尝的冲动。

解说短视频通过声音的传递和直观画面的吸引，触发用户的情绪，达到与用户心灵沟通的效果，关注、点赞和评论就会源源不断。

（4）脱口秀形式

脱口秀形式也是目前比较常见的一种短视频表现形式。制作此类短视频的关键是内容要有干货，能够打破用户的认知，让用户观看之后有所收获。例如，"樊登读书"颠覆了人们传统的阅读模式，其新颖的形式、独特的内容能够让用户获得书本上学不到的知识，从而迅速地聚合粉丝；又如"虎哥说车"，虎哥流利的讲解传递给用户关于汽车的信息，让用户看后有所收获，在得到用户的认可之后，自然会获得越来越多粉丝的关注。

脱口秀有商业形式的、创业形式的，还有推广产品形式的，此类短视频最重要的是把人设打造得清晰、明确，具有辨识度。这种短视频形式制作简单，成本相对较低，但对脱口秀演员的要求相对较高。脱口秀演员需要不断地为用户提供有价值的内容，通过这些有价值的内容来获得用户的认可，进而提升粉丝的黏性。

如果制作视频的目的是销售商品或打造自己的个人 IP，就可以考虑采取脱口秀的形式。

（5）情景剧形式

情景剧形式是编创者通过表演把想要表达的核心主题表现出来。此类短视频创作最难，成本也最高，通常需要专业演员。创作前期需要准备文案脚本，还需要设计拍摄场景，掌握拍摄技能，如运镜、转场等技巧，后期还要进行短视频剪辑，即挑选视频素材合成一个完整的短视频，既要保证短视频的连贯性、完整性，又要添加字幕，进行特效处理等。

情景剧短视频一般有情节、有人物、有条理，能够清晰地表达主题，很好地调动用户的情绪，引发情感共鸣，因此能够在短期内积累粉丝。例如，《陈翔六点半》《万万没想到》就属于创意类情景剧，其短视频剧情能带给用户跌宕起伏的感觉，充分调动用户的情绪，吸引其不断观看，以轻松、幽默的内容收获了大批粉丝。如果资金、人力等条件允许，短视频编创者可以考虑拍摄这种很受欢迎的情景剧短视频。

（6）模仿形式

模仿形式就是搜索平台上特别火的短视频，然后用其他形式表现出来。这种形式相对于原创作品来说要简单得多，它不需要自己写文案，只要摘抄原视频或稍加修改即可。目前此类短视频的编创者很多，但要注意的是，模仿不是抄袭，要重点突出自己的特色，形成自己的个性标签，打造出个人品牌，使表现形式或拍摄风格别具一格，这样更有助于后期变现。

（7）视频博客形式

视频博客形式即 Vlog 形式，是最近比较火的一种短视频表现形式，尤其对于喜欢旅游的年轻人，拍 Vlog 是他们记录旅行的最佳方式。

随着短视频的兴起，越来越多的人开始拍摄自己的 Vlog，就像写日记一样，只不过日记是以短视频的形式来展现的。例如，旅游博主"房琪 kiki"就是以 Vlog 的形式来展现她在旅途中的所见所闻；又如，"独角 SHOW"以 Vlog 的形式记录了自己在海外的生活，加上其搞笑的配音，吸引了许多想了解海外生活的人。

此类短视频有着快节奏的剪辑、炫酷的转场和巧妙的情节设计，很容易抓住用户的眼球，受到用户的喜爱。相比于传统的记录生活的 Vlog，这些短视频爱好者所拍摄的 Vlog 已经逐渐向微电影过渡了。他们制作的短视频不仅具有超高的画质、丰富的镜头拍摄手法，还有非常成熟的视频构思，这些都是微电影的显著特点。

拍摄此类短视频，关键在于要有主题，而且要主次分明、突出重点，不能像记录流水账一样。此外，还要注重拍摄效果，多运用一些专业的短视频拍摄技巧。

短视频的表现形式除了以上几种外，还有采访形式、动漫形式等。无论采用哪种形式，短视频编创者都要根据成本、自身条件等多个方面进行综合考量，重要的是敢于踏出第一步，不断实践，不断试错，积累经验，这样才能输出优质内容，打造出"爆款"短视频。

（二）内容策划要点

短视频内容策划非常重要，这关系到短视频的顺利拍摄和发布后的播放效果。要想通过输出优质内容来打造"爆款"短视频，就必须明晰短视频的内容规范与基本要求，确立短视频的主题，确定短视频的时长，制定具有可行性的策划方案，遵循短视频策划的基本原则。

1. 明确短视频的内容规范与基本要求

随着互联网技术的迅猛发展，短视频迅速崛起，各类平台层出不穷，充分满足了人们休闲娱乐的需求。在这些平台给人们的休闲娱乐带来利好影响的同时，我国相关部门也强化了对短视频平台的规范监管，确保短视频平台在进行短视频传播的过程中，能够充分契合社会要求，在法律允许的范畴内进行短视频内容的制作与传播。

（1）短视频的内容规范

2019 年 1 月 9 日，中国网络视听节目服务协会发布了《网络短视频平台管理规范》（以下简称《规范》）和《网络短视频内容审核标准细则》（以下简称《细则》）。文件指出，短视频平台应当实行节目内容先审后播。

《规范》对开展短视频服务的平台提出要求：平台应持有《信息网络传播视听节目许可证》等法律法规规定的相关资质；应当积极引入主流新闻媒体和党政军机关团体等机构开设账户；应当建立总编辑内容管理负责制度；实行节目内容先审后播制度；应当根据其业务规模建立政治素质高、业务能力强的审核员队伍，审核员应当经过省级以上广电管理部门组织的培训，审核员数量与上传和播出的短视频条数应当相匹配；应当建立"违法违规上传账户名单库"。

此外，《规范》还要求网络短视频平台应当履行版权保护责任，不得未经授权自行剪切、改编电影、电视剧、网络电影、网络剧等各类广播电视视听作品；对在本平台注册上传短视频的账户主体，应当实行实名认证管理制度；应当建立未成年人保护机制，采用技术手段对未成年人在线时间予以限制，设立未成年人家长监护系统，有效防止未成年人沉迷短视频。

《细则》则从提升短视频内容质量，遏制错误虚假有害内容传播蔓延，营造清朗网络空间的角度指出，网络播放的短视频，及其标题、名称、评论、弹幕、表情包等，以及语言、表演、字幕、背景中不得出现包括分裂国家，损害国家形象，损害革命领袖英雄烈士形象，以及侮辱、诽谤、贬损、恶搞他人等 21 个方面的 100 项具体内容。《细则》统一了短视频内容审核标准。短视频内容的管理规范有利于规范短视频传播秩序，提升短视频内容质量，促使短视频平台提供更多符合主流价值观的产品。

（2）短视频的内容基本要求

短视频管理规范要求短视频编创者牢固树立精品意识，下功夫提升短视频内容品质，提高原创能力，努力传播思想精深、艺术精湛、制作精良的优秀作品。

各平台对短视频原创内容的基本要求如下。

创意性——视频内容构思独特，视角新颖，让人耳目一新。内容创意性是影响用户是否观看的关键因素。

知识性——视频内容有价值，能够让人们看完后学到对应的知识。无论是科普类视频还是教育类视频，实用性较强的干货知识很重要。

专业性——在选题领域中，视频内容见解有深度，主张的观点能够说服众人。

娱乐性——视频内容生动有趣，可以以娱乐的形式来展现，带给用户放松愉悦的感官享受。

情感性——视频内容具有情感性，能够真实地表达人物的情感。

完整性——视频表述清晰、完整，主题突出，观点鲜明。

健康性——视频内容积极向上，充满正能量，保证视频的健康性，不违背规范要求。

短视频质量基本要求如表 3-4 所示。

表 3-4　　　　　　　　　　　　　短视频质量基本要求

基本要求	具体说明
视频画面高清	画面无马赛克、变形拉伸、压缩模糊状，无跳帧、掉帧、黑屏、花屏、卡屏等现象
视频字幕清晰	视频字幕清晰可见，画面规范美观
视频声画同步	视频声画同步，视频声音清晰可听，无杂声、噪声等
禁止恶意广告营销	不插入与内容无关的二维码、网址等商业信息，不口播引导用户关注微博、微信等

他山之石　　　　网络短视频平台管理规范

开展短视频服务的网络平台，应当遵守本规范。

一、总体规范

1. 开展短视频服务的网络平台，应当持有《信息网络传播视听节目许可证》（AVSP）

等法律法规规定的相关资质，并严格在许可证规定的业务范围内开展业务。

2. 网络短视频平台应当积极引入主流新闻媒体和党政军机关团体等机构开设账户，提高正面优质短视频内容供给。

3. 网络短视频平台应当建立总编辑内容管理负责制度。

4. 网络短视频平台实行节目内容先审后播制度。平台上播出的所有短视频均应经内容审核后方可播出，包括节目的标题、简介、弹幕、评论等内容。

5. 网络平台开展短视频服务，应当根据其业务规模，同步建立政治素质高、业务能力强的审核员队伍。审核员应当经过省级以上广电管理部门组织的培训，审核员数量与上传和播出的短视频条数应当相匹配。原则上，审核员人数应当在本平台每天新增播出短视频条数的千分之一以上。

6. 对不遵守本规范的，应当实行责任追究制度。

二、上传（合作）账户管理规范

1. 网络短视频平台对在本平台注册账户上传节目的主体，应当实行实名认证管理制度。对机构注册账户上传节目的（简称 PGC），应当核实其组织机构代码证等信息；对个人注册账户上传节目的，应当核实身份证等个人身份信息。

2. 网络短视频平台对在本平台注册的机构账户和个人账户，应当与其先签署体现本《规范》要求的合作协议，方可开通上传功能。

3. 对持有《信息网络传播视听节目许可证》的 PGC 机构，平台应当监督其上传的节目是否在许可证规定的业务范围内。对超出许可范围上传节目的，应当停止与其合作。未持有《信息网络传播视听节目许可证》的 PGC 机构上传的节目，只能作为短视频平台的节目素材，供平台审查通过后，在授权情况下使用。

4. 网络短视频平台应当建立"违法违规上传账户名单库"。一周内三次以上上传含有违法违规内容节目的 UGC 账户，及上传重大违法内容节目的 UGC 账户，平台应当将其身份信息、头像、账户名称等信息纳入"违法违规上传账户名单库"。

5. 各网络短视频平台对"违法违规上传账户名单库"实行信息共享机制。对被列入"违法违规上传账户名单库"中的人员，各网络短视频平台在规定时期内不得为其开通上传账户。

6. 根据上传违法节目行为的严重性，列入"违法违规上传账户名单库"中的人员的禁播期，分别为一年、三年、永久三个档次。

三、内容管理规范

1. 网络短视频平台在内容版面设置上，应当围绕弘扬社会主义核心价值观，加强正向议题设置，加强正能量内容建设和储备。

2. 网络短视频平台应当履行版权保护责任，不得未经授权自行剪切、改编电影、电视剧、网络电影、网络剧等各类广播电视视听作品；不得转发 UGC 上传的电影、电视剧、网络电影、网络剧等各类广播电视视听作品片段；在未得到 PGC 机构提供的版权证明的情况下，也不得转发 PGC 机构上传的电影、电视剧、网络电影、网络剧等各类广播电视视听作品片段。

3. 网络短视频平台应当遵守国家新闻节目管理规定，不得转发 UGC 上传的时政类、社会类新闻短视频节目；不得转发尚未核实是否具有视听新闻节目首发资质的 PGC 机构上传的时政类、社会类新闻短视频节目。

4. 网络短视频平台不得转发国家尚未批准播映的电影、电视剧、网络影视剧中的片段，以及已被国家明令禁止的广播电视节目、网络节目中的片段。

5. 网络短视频平台对节目内容的审核，应当按照国家广播电视总局和中国网络视听节目服务协会制定的内容标准进行。

四、技术管理规范

1. 网络短视频平台应当合理设计智能推送程序，优先推荐正能量的内容。

2. 网络短视频平台应当采用新技术手段，如用户画像、人脸识别、指纹识别等，确保落实账户实名制管理制度。

3. 网络短视频平台应当建立未成年人保护机制，采用技术手段对未成年人在线时间予以限制，设立未成年人家长监护系统，有效防止未成年人沉迷短视频。

2. 确立短视频的主题

创作短视频时，编创者首先要明确主题，就像写一篇文章，如果主题不明，文章的辞藻再华丽也是没有灵魂的。无论选择从哪个领域入场，都要有自己独特的视角，明确地表达出自己的观点，选择合适的主题精准定位，这样才能吸引目标用户的关注。如果短视频主题不明，就如同一盘散沙，没有主线，没有灵魂，那么整个短视频就没有亮点，没有中心，也就没有吸引力。

那么，如何确立短视频的主题呢？

（1）调查市场，借鉴经验

在确立短视频的主题之前，最好先进行市场调查与研究分析。找出那些受到更多用户欢迎的短视频，反复观看并分析短视频的主题，找出其亮点及独特之处，取他人之长，补己之短，通过借鉴成功经验来模仿实践。需要注意的是，模仿不等于照抄，一定要融入自己的创意，表明自己的态度与观点，尽量避免选择冷门主题。

（2）积极关注，迎合用户需求

短视频是否被用户接受和喜爱，与其主题有着极大的关系。短视频所表达的主题必须能够满足用户的需求，才能激发其观看的欲望，从而吸引更多的粉丝，产生更大的流量。因此，要积极关注用户的喜好，从自身到一切外部渠道，都要有意识地去挖掘用户的核心需求。站在用户的角度，沿着用户的行为路径，分析感受他们的想法和思路，针对他们所做事情的某个环节，来思考他们可能会遇到的问题，以及如何为他们解决这些问题。例如，对于爱情、民生、青春、怀旧等主题，不同的人群有着不同的需求和爱好，编创者要积极关注用户的娱乐消费行为，满足用户需求，从而明确短视频创作的主题。

（3）使用互动式、参与式主题

创作短视频时，编创者可以选择一些新颖的主题，采用引导参与的方式，达到更好的交互效果。例如，"变废为宝"这个主题可以教人们将家中闲置的物品改成流行、实用的物品，这种实用技巧类的短视频更容易形成与用户的互动。而"宅家最适宜的健身方式"这个主题，可以教人们如何在没有健身器械的情况下进行锻炼。

除了设计视频内容中的交互式主题之外，编创者还可以设计一些要点供用户参与讨论，提出问题后引导用户留言评论。

（4）与众不同，体现个人特色

短视频创作的主题最好符合自己的兴趣爱好。因为在自己擅长的方面更容易做出特色，形成自己的标签，这既有利于树立与发展个人品牌，也能给自己的创作提供源源不断的动力，激发出更多的创意和灵感，使作品主题充分展现个人特色，加深用户对作品的印象，吸引更多用户的关注。短视频编创者对于自己喜欢的事物，会更愿意花时间去学习、了解，于是在自身的知识储备库中，会积累大量的素材，这更有利于持续地输出优质的作品。

3. 确定短视频的时长

明确了短视频主题后，就需要确定短视频的时长，是 1 分钟，5 分钟，10 分钟，还是 30 分钟，这需要依据短视频的选题来确定。

研究机构调查数据显示，穿搭类的短视频时长最短，剧情类的短视频时长较长。穿搭类短视频越短，越容易把控，关注度也越高，点赞数越多；汽车类短视频加上故事情节后，更容易吸引用户关注；美妆类短视频点赞较为均匀，受时长的影响较小，不论时间长短都能获得不错的点赞数；剧情类短视频并不是越长点赞数越多，许多时长短的剧情类短视频的播放效果也非常不错。

未来短视频和长视频都会存在，前者适合碎片化时间消费，后者适合沉浸化时间消费。长视频在科普、教育、综艺娱乐、Vlog 等内容领域有着更多的优势。各类短视频选题不同，展示形式不同，短视频的时间长短也不一样，因此短视频编创者需要深入了解所选领域，更加细致地研究适合自身选题方向的时长，同时注意结合短视频的展示形式。

4. 制定具有可行性的策划方案

在制定短视频策划方案时，必须保证其具有可行性，否则只是纸上谈兵，没有任何实际意义。短视频策划方案的可行性与所持的资金、人员的安排，以及拥有的资源都是分不开的，只有全面考量这些实际问题，才能制定出具有可行性的策划方案。

（1）重视关键问题

在策划不同主题的短视频方案的过程中，可能会遇到各种各样的问题。为了确保最终的方案具有可行性，编创者必须重视这些问题的关键点，然后针对关键点给出解决方案。解决方案包含策略及实施的步骤，确保策划方案在执行过程中可以有条不紊。很多时候，策划方案可能有不止一个问题，这时就需要按照事情的重要与紧急程度进行排序，优先解决重要且紧急的关键问题，不能顾此失彼，从而保证策划方案有序地执行。

（2）合理利用资源

资源对于每个短视频来说都具有非凡的意义，编创者手中的资源越多，在实施方案时起点就越高。高起点可以使短视频作品更容易获得良好的效果。充分、合理地利用资源，可以缩短创作周期，提高创作效率。资源包括很多方面，其中资金是最基本也是最重要的。

只要资金充足，就可以选用专业的设备、精致的道具和布景，或聘请专业的短视频创作人员，这样更容易创作出高品质的短视频。

（3）团队成员分工协作

要求较高的短视频作品，需要组建专业的团队才能完成，因为只有团队成员分工协作，才能保证短视频创作的效率和质量。高效的分工协调机制非常重要，为了提高工作效率，编创者在策划方案中必须详细说明具体分工，使每个成员都清楚自己的工作范围，明确自己的工作职责，避免发生相互推诿的情况，保证在规定的时间内顺利完成短视频的创作。

另外，团队成员之间的沟通协作也很重要，良好的沟通是成功的一半，负责人与成员之间、成员与成员之间必须保持良好的沟通，这样在遇到问题时才不会发生混乱，才能使各项工作有条不紊地进行。

（4）分解目标逐级完成

一个短视频作品从内容策划到拍摄制作再到最终的运营，每一步都包含繁杂的工作流程，如果没有头绪地盲目开展，很容易走弯路，从而降低工作效率。为了避免这一情况，策划者可以把最终目标进行分解，把工作流程分成一个个阶段，并且为每一个阶段都制定一个小目标，小目标更容易达成，从而为编创者指引方向，使其以轻松的心态完成每一步工作。

5. 短视频策划的基本原则

在策划短视频选题时，编创者还应当遵循以下基本原则。

（1）以用户为中心

创作短视频的目的是满足用户需求，所以在策划短视频选题时，要优先考虑用户的需求和喜爱度，以用户为中心，以用户需求为导向，不能背离用户对短视频内容的需求方向，这是保证短视频播放量的重要因素。

（2）注重价值输出

短视频的内容一定是对用户有益的，尽量选择有价值的干货内容，能够直接触发用户收藏、点赞、评论、转发等行为，激发用户主动分享，扩散传播，从而达到裂变的效果。

（3）坚持内容垂直

选好某一领域入场后，就不要轻易地转换领域，可以在所选领域中做垂直细分，保证内容的垂直度，提高专业领域的影响力，但不能横向多项选择，否则容易造成内容选题杂乱，粉丝也不精准。一定要在某一领域内长期地输出优质内容，因为这样更容易占领头部的流量。

（4）强化选题互动性

在策划短视频选题时，尽可能选择一些互动性强的选题，如热点话题，用户关注度高、参与性强。这种互动性高的短视频也会被平台大力推荐，从而进一步提升短视频的播放量。

（5）紧跟网络热点

短视频在选题内容上应紧跟行业热点或网络热点，才能快速得到大量的流量曝光，这对提升短视频的播放量和吸引粉丝都有着非常重要的影响。因此，编创者在做常规的选题之外，一定要提升新闻敏感度，善于捕捉热点，借势热点。同时，借势热点也要把握分寸，很多情况下，有些热点（如时政、军事等领域的热点）是不可以借势的。编创者只有严格遵守短视频的管理规范，才能在这条路上走得更远。

（6）规避敏感词

在策划短视频选题内容或命名短视频标题时，为了提高短视频点击率和播放量，有些编创者可能会使用一些网络热词，或过于夸张，或涉及敏感词，最终导致审核不过关或被限流。因此，短视频编创者一定要及时了解国家政策导向，以及平台出台的相关管理规范，远离敏感词，尽量避免出现违规的情况。

【答一答】

短视频的选题方向有很多，结合上面的内容，请你根据目前市场的状况，回答如何确定一条短视频的选题方向。

_____

_____

三、短视频脚本的写作

短视频脚本需要在策划方案的基础上进行进一步细化。脚本的写作有一定的模式和规范，根据项目需要可以选择写作简单的拍摄提纲或较细致的分镜头脚本。

下面将对短视频脚本的特点、拍摄提纲和分镜头脚本的写作方法分别作简要的介绍，使读者通过系列的实战训练，初步掌握相应的技能，能够按照工作需求进行短视频脚本的写作。

思考问题

（1）什么是短视频脚本？

（2）短视频脚本的特点是什么？

（3）拍摄提纲与分镜头脚本有哪些不同？

（一）短视频脚本的特点

短视频的脚本与常规的影视剧脚本不同，常规的影视剧脚本通常要先创作故事梗概、分场大纲，然后进一步细化成分镜头脚本，但短视频形式丰富多样，内容涉猎广泛，故而短视频脚本更多的时候是由拍摄提纲或分镜头脚本构成的。

1. 拍摄提纲

拍摄提纲就是为短视频搭建的基本框架。在拍摄短视频之前，编创者将需要拍摄的内容罗列出来，设计拍摄提纲，这类脚本大多用于拍摄内容比较简单或存在不确定因素的情况。

2. 分镜头脚本

分镜头脚本即在拍摄提纲的基础上细化，将短视频需要的具体内容都体现出来，设计每个镜头的具体拍摄形式。分镜头脚本对镜头画面设计的要求很高，需要编创者投入大量的时间和精力去策划。细致的分镜头脚本能够提升拍摄工作的效率，也能够很好地保障拍摄画面的质量。分镜头脚本的创作必须充分体现短视频故事所要表达的真实意图，还要简单易懂，因为它是一个在拍摄与后期制作过程中起到指导性作用的总纲领。此外，分镜头脚本还必须表明对话和音效，这样才能让后期制作完美地表达原剧本的真实意图。

（二）拍摄提纲的写作方法

短视频拍摄的提纲是为拍摄一部短视频或短视频的某些场面而制定的拍摄纲要，只对拍摄内容进行大概规划，对拍摄起到提示作用（示例见表3-5）。通常有两种情况需要拍摄提纲：一是由于短视频很短，镜头很少，容易控制，不需要分镜头脚本；二是由于镜头内容无法精确掌控和预测，这些场景难以预先做出精确的分镜头。在这两种情况下，需要撰写拍摄提纲，供导演及摄影师现场灵活处理。因此，不同于分镜头脚本对镜头有明确细致的规定，拍摄提纲只对拍摄内容进行纲领性的规划和提示。常用的领域如记录性质的短视频，摄影师赴现场前，根据对摄录对象的前期了解，将预期拍摄的要点写成拍摄提纲，在拍摄现场灵活处理。

表 3-5　　　　　　　　　　短视频拍摄提纲示例

短视频标题：给我这样的老师，我保证不打瞌睡了！		
推广名：悬挂起来的不是画，是思想		
序号	采访提问	画面
1	能给我们讲讲之前您是学什么的吗？什么契机让您接触到美术启蒙教育？	邓老师专心画画的样子；正在画的作品的特写
2	在众多的行业中您选择自己创业，做美术启蒙教育的缘由是什么？	邓老师行走在自己的公司；穿梭在一幅幅学生的画作中；一幅幅画作的特写
3	可能一些人觉得女孩子最好找一份稳定的工作，而不是去做创业这类风险很高的事，当初为什么会选择自己创业？	生活中的细节；认真看工作资料的特写
4	现在很多人认为架上绘画是夕阳艺术，很多人偏向于去学习新媒体艺术，在这样的大环境下坚持选择艺术启蒙教育，是不是也有很多的阻力？对您来说创业中最困难的是什么？是什么支持您坚持自己创业做艺术启蒙？	采访；给孩子们上课的场景；俯身辅导孩子的特写；一幅幅孩子画好的美术作品
5	您觉得创业最需要具备的素质是什么？对于您来说，艺术是什么？是更偏重技法还是技法外的东西？	邓老师和同事们在沟通；旁边孩子们开心涂鸦的笑脸
6	您在平时生活中是什么样性格的人？是不是也有一些比较独特的小爱好？	喝咖啡，看书；边走边画的样子；外出写生

全片高潮点设置：致力于艺术启蒙，选择创业这条比较艰难的道路，崇尚美术教育要尊重每个人的个性（从讲述创业转入自我剖析对艺术教育的理解）

拍摄提纲一般包括对选题的阐述，对视角的阐述，对作品体裁形式的阐述，对作品风格、画面、节奏的阐述，对拍摄内容层次的阐述等。

1. 对选题的阐述

对选题的阐述即进一步明确短视频的选题意义、主题和创作的主要方向，为编创者确定一个明确的创作目标。

2. 对视角的阐述

视角就是编创者表现事物的角度，好的视角能让人耳目一新。

3. 对作品体裁形式的阐述

不同的作品体裁有不同的创作要求、创作手法、表现技巧和选材标准。

4. 对作品风格、画面、节奏的阐述

对作品风格、画面、节奏的阐述包括风格的轻快与沉重、色调、影调、构图、用光等要素的设计以及外部节奏与内部节奏的设计。

5. 对拍摄内容层次的阐述

对拍摄内容层次的阐述要让所有的编创者看后，能迅速明白作品的层次、段落、过渡、照应和重点。

（三）分镜头脚本写作方法

短视频分镜头脚本的写作大致可以分为 3 个步骤，具体如下。

1. 明确主题

每个短视频都有想要表达的主题，如为梦想奋斗的艰辛、与朋友欢聚的喜悦、遇到美好风景的感动等。在撰写短视频脚本之前，编创者必须先确定主题，围绕这个主题开展接下来的所有工作。

2. 搭建故事框架

明确短视频主题之后，编创者接下来的任务就是搭建故事框架，通过这个故事来表达主题。在这个过程中，编创者要设定好角色、场景与事件，可以通过设置故事情节与冲突来凸显主题。

3. 充盈细节

细节决定成败，这句话放在短视频领域也是适用的，两个按照相同的故事大纲拍摄出来的短视频，区别就在于细节是否充盈精致。充盈的细节可以让角色更加立体，可以更好地调动用户的情绪，加深用户对短视频的理解，使用户产生共鸣。在确定好拍摄细节之后，编创者需要考虑使用何种镜头呈现，然后再编写具体的短视频分镜头脚本。一个完整的短视频分镜头脚本包含的细节如表 3-6 所示。

表 3-6　　　　　　　　　　　短视频分镜头脚本细节

脚本细节	具体内容
信息	有用的资讯，有价值的知识，有用的技巧
观点	观点评论，人生哲理，科学真知，生活感悟
共鸣	价值共鸣，观念共鸣，经历共鸣，审美共鸣，身份共鸣
冲突	角色身份冲突，常识认知冲突，剧情反转冲突，价值观念冲突
欲望	收藏欲，分享欲，饮食欲，爱情欲
好奇	为什么，是什么，怎么做，在哪里
幻想	爱情幻想，生活憧憬，别人家的，移情效应
感官	听觉刺激，视觉刺激

【答一答】

短视频的脚本细节很多，结合表 3-6 中的脚本细节的具体内容，请根据你对短视频的理解，谈一谈哪些脚本细节更容易吸引当代大学生的关注。

_____

_____

四、短视频的编辑发布

短视频制作完成之后，需要选择合适的发布渠道即短视频平台进行编辑发布，因为不同短视频平台的发布流程、设置方法及视频推荐算法有许多不同。为了使短视频发布后能得到较多的推荐和高效的传播，编创者需要了解各平台的发布规则及技巧，熟悉平台操作流程。

下面将对短视频的发布渠道及规则、标题拟定与优化的方法、封面设计要点、标签与内容介绍写作方法分别作简要的介绍，使读者通过系列的实战训练，初步掌握相应的技能，能够按照工作需求进行短视频的编辑发布。

思考问题

（1）什么是短视频推荐算法？

（2）短视频标题对传播效率有何意义？

（3）短视频封面设计有哪些常见形式？

（一）发布渠道及规则

1. 抖音

抖音审核和流量推荐的特点：双重审核、智能分发、叠加推荐、流量池升级。

双重审核指的是上传到抖音平台的短视频都需要经过人工智能算法和人工的双重审核。

智能分发是抖音机制的一大亮点。平台会根据账号的权重来对新发布的短视频给予一定的初始推荐流量；优先推荐给附近的人与账号本身的粉丝以及账号关注的人，之后是根据分析平台所有用户的标签以及短视频内容的标签进行初始的智能分发。

叠加推荐指的是经过初始流量分发，先把作品推荐给部分用户，然后等待用户的反馈结果，从而判断这条内容是否受到用户的欢迎。如果这条作品在初始分发后反馈给平台的结果是受欢迎的，那么平台会把这条作品进行二次分发，此次分发的流量覆盖会更多、更广泛，这也是作品能否上热门的关键之一；反之，如果初始反馈没有效果，那么作品就不会得到平台的二次推荐。

流量池升级指的是抖音的流量池有等级之分，从初级流量池、中级流量池到高级流量池，不同权重的账号会被分配到不同的流量池，当然也就意味着将会获得不同的推荐量。账号的权重高低取决于发布内容的受欢迎程度。

（1）抖音推荐算法的实施步骤

抖音的内容推送主要是通过机器的算法来实现的。视频上传之后，机器先小范围地推荐给可能会对短视频标签感兴趣的用户，差不多是 20～250 人，计算在单位时间内用户的评论、点赞和分享数。具体公式是：热度=A×评论数+B×点赞数+C×分享数，系数 A、B、C 会根据整体的算法实时微调，大致上 C>A>B。这一步暂且称为第一次推荐。这就是为什么用户平时看到推荐里面出现的内容中有些互动率几乎是 0，就是因为这个视频第一次被推荐。如果经过第一次推荐，短视频没有在目标用户中得到比较好的反馈，那么平台推荐就会停止。这就是抖音中的众多短视频作品浏览数大部分在 50～250 的原因。如果短视频作品经过第一次推荐得到了比较好的用户反馈，那么该短视频将会被推荐给更多潜在的用户，这可以叫扩大推荐。机制跟第一次推荐一样，这次触达的用户人数是 1000～5000。以此类推，像把一颗石头丢进平静的湖面一样，一圈一圈地辐射到更大的用户群体。短视频点赞数如果达到 100 万以上，就证明其在目标用户中唤起了较深的共鸣。一般来说，短视频点赞数、评论数越多，播放时间越长，用户没看完就关闭的比例越低，能获得的推荐量就会越大。

（2）影响推荐量的其他因素

账号定位明确，根据用户的兴趣爱好做细分垂直领域的内容，会更容易获得平台的推荐；内容质量高，平台需要优质的编创者进行内容产出，也会给予优质编创者更大的推荐量。此外，直观的头像、作品封面，合适的背景音乐，都会获得账号加权分；视频清晰度和竖屏拍摄也很重要，清晰度越高，进入二级流量池的机会越大；作品更新频率越稳定，越受平台欢迎。抖音平台短视频审核推荐流程如图 3-6 所示。

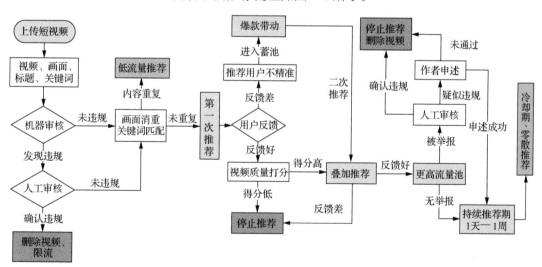

图 3-6 抖音平台短视频审核推荐流程

2. 快手

快手平台的推荐特点：交互简单易懂，反过来积极影响算法；组合各种推荐算法，覆盖用户不同需求，以达到尽可能推荐的视频都是用户想看的；架构整体规划，用户使用产品的流程中，全程都影响算法，达到产品完全个性化。

（1）个性化推荐

一方面，快手通过全方位的数据精准刻画出用户意图，有针对性地给用户推荐其愿意观看的视频，提供优质的产品体验，提升视频观看率，增强用户黏性。产品的关键就在于分析用户的意图，并将个性化的推荐结果通过巧妙的产品设计传达出来。另一方面，交互也会影响算法。交互界面的作用是搜集数据，实现提升推荐精准度的目的，因此，交互反过来影响算法。

前端没有分类和传统热度排行，以红心数多少按照某些规则进行推荐。

打开快手App，在没有登录的情况下，界面非常简单，没有常见的视频类别，也没有按照视频热度的两个维度，即播放量和红心数的多少设置的榜单，而是以瀑布流的形式展示内容。用户可以看到，优先展示的是红心数多的视频，红心数有上千或上万的，但短视频并非按照红心数从高到低排序，看起来完全是随机的。同时，考虑到短视频的新鲜度，App从时效性上优先展示的是一天之内的视频。

（2）推荐方法覆盖不同需求

登录快手App后有三种不同的推荐标签页，组合不同的推荐方式。

"关注"标签页：展示所有用户账号之前关注的编创者的视频。与"发现"不同的是，它强调的是视频的时效性。

"发现"标签页：展示逻辑和未登录时一样。

"同城"标签页：直接基于LBS（基于地理位置展开的服务）的数据匹配附近的人发布的短视频，它强调的是短视频生产者与观看者之间的距离。"发现"标签页采用的就是短视频平台常用的推荐方法：协同推荐+内容过滤。协同过滤算法是通过用户历史观看短视频的行为，分析用户兴趣，并给出推荐。

（3）发现（推荐）的算法机制

发现（推荐）的算法机制与短视频与用户画像的匹配程度、热度（点赞、评论、转发等）、发布时间因素相关。

快手短视频的获赞量基本维持在1万~10万这个区间，很难找到超过10万的短视频，而抖音中表现好的短视频获赞量基本在50万以上，中位数大概是10万。这个不是快手的用户少导致的，而是和快手算法特有的热度权重有关。短视频发布初期，随着热度的提高，曝光机会提高，此时热度权重起到择优去劣的作用，而在短视频获赞量达到一个阈值后，它的曝光机会就会不断降低，此时"热度权重"起到"择新去旧"的作用（其实是为了给用户平等的展示机会）。

3. 微信视频号

微信视频号依托于微信，得以建立起与抖音、快手不同的发布渠道及规则。

（1）社交推荐

微信视频号的社交推荐算法与社交关系，内容价值，点赞、转发、评论3个因素相关。

社交关系在微信视频号的推荐逻辑中是非常重要的，如你的好友发布和点赞的内容会优先推荐，这一点从微信视频号入口显示的"关注、朋友、热门"3个标签中就可以看出。

内容价值指优质的内容是任何平台都要坚守的永恒原则，平台想要获得用户，最终依靠的始终是优质内容，所以微信视频号也会优先推荐优质的内容。这种规则在微信好友中创作内容较多时最为明显。用户打开微信视频号会发现，能看到的好友短视频都是一些质量相对较高的视频。

点赞、转发、评论是"社交推荐"中的互动行为。平台通过用户的点赞、转发、评论等来判断视频内容的价值以及受欢迎程度，从而使点赞及转发、评论较多的视频进入更大的流量池，获得更多的曝光推荐。

（2）个性化推荐

据分析了解，目前微信视频号的个性化推荐算法采用"兴趣标签+地理定位+热点话题+随机推荐"的方式。

① 兴趣标签

系统会根据用户的日常行为、活动轨迹以及兴趣、职业、年龄等标签，通过一系列大数据算法，推测出用户可能喜欢的内容。

② 地理定位

同城或距离相近的人群会因为地理位置的原因而产生兴趣上的某些交集，如"同一个城市，同一个旅游景点"等，所以地理定位常常作为个性化推荐的重要组成部分。

③ 热点话题

网络热点话题往往能引起广大用户的关注。基于用户的协同过滤推荐系统将网络上与热点话题相关的优质内容推荐给用户。

④ 随机推荐

编创者发布视频后，系统会首先推荐给已关注编创者视频号的好友用户，若其不感兴趣，则不会触发视频号的曝光推荐机制，该视频仅获得一次浏览流量，不会进入更高的流量池，但未来有可能再次被推荐；若其感兴趣，并且对视频进行了点赞、转发或评论等行为，则会触发推荐机制，当有多位好友共同评论时，该内容将进入更大的流量池中，获得更高的权重，从而被推荐机率会更高。

用户频繁关注浏览的短视频也会被推荐给经常联系的好友，以此循环，基于熟人社交的次级关系产生裂变。

（二）标题拟定与优化方法

标题是短视频的重要组成部分。一个短视频作品能否精确地推送给目标用户，目标用户是否会点击、分享、评论，都与标题存在着较大关系。那么，好的短视频标题有什么特征呢？怎么才能取一个好标题呢？在对大量短视频作品进行分析的基础上，我们总结出以下 6 种短视频标题的拟定技巧，如图 3-7 所示。

图 3-7　短视频标题的拟定技巧

1. 引发好奇心

提供有价值的信息是短视频的重要使命，优秀的短视频作品必然会满足人们在某方面的需求。因此，编创者在拟定标题时，可以利用人们的好奇心，刺激人们点击观看。例如，运用"盘点""测评""揭秘""汇总""体验"等词汇，提醒用户该短视频提供了独家视角；提出问题或矛盾，引导用户点击观看视频寻找答案；制造反差，通过打破常规引起用户的观看兴趣等。

2. 调动用户情绪

情绪影响着人们的行为与决策，如果短视频标题可以调动用户情绪，往往能够对短视频传播产生非常积极的效果。例如，第一、第二人称更容易使用户产生代入感，编创者可在拟定标题时使用这类人称还原某个特定的生活场景，突出内容重点，让用户可以快速地了解短视频的主题；编创者也可以陈述某种观点，并运用标点符号增强语气，从而调动人们的情绪等。

3. 简洁明了

简约是标题的第一要求，无论是短视频平台还是用户都希望短视频作品有一个简洁的标题。长标题很难让用户抓住重点，而且耗费用户很多精力，这是传播的大忌。所以，为短视频拟定一个简洁的标题非常关键，如使用通俗易懂的词汇，用动词取代形容词，或用阿拉伯数字代替大写数字等。

4. 运用高频词汇

人是一种社会性动物。在日常生活与工作中，很多人会主动了解时事热点、时尚潮流等内容，以便获得融入群体的谈资。高频词汇就是人们在社交场合使用频率很高的词汇，这些词汇往往有热度、有流量。如果短视频标题使用这类词汇，将对短视频的传播产生积极的影响。

5. 激发认同

在日常生活中，人们倾向于关注传播那些他们认可的事物；对于不认可的事物，人们会排斥、抵制甚至攻击。所以在短视频标题中激发认同，对短视频传播来说不失为明智之举。如何在短视频标题中激发认同呢？最简单的办法就是替用户发声。看到与自己观点相近的标题，用户会产生安全感、愉悦感、满足感等积极情绪，用户不仅会点击观看短视频，还会积极参与评论和分享。当然要想拟定出能激发用户认同的标题，编创者必须深入了解用户的想法、观点、习惯、特征等。

6. 限时法

限时会让人产生紧迫感，促使人们果断决策。在短视频标题中运用限时法时，必须给人们的决策提供一个充分的理由，否则限时就变得毫无意义。

以上便是短视频拟定标题的几个实用技巧，建议编创者结合短视频的内容、目标用户的特性和平台的特性灵活使用，切忌盲目照搬。需要强调的是，一个好的标题仅是短视频成功的一小步，后续能否达到预期目标还要看内容、分发渠道、运营策略等。

（三）封面设计要点

和标题类似，封面直接影响了用户对短视频的第一印象。要想获得较高的播放量，短视频封面必须具有足够的吸引力。在短视频中，封面具有视频预告、补充标题等功能，可以快速地在用户心中形成画面。很多优秀的短视频作品往往是将短视频的核心内容，如核心人物、场景等设置为封面。在了解短视频封面的制作技巧之前，我们首先要了解短视频封面的基本规范。

1．短视频封面的基本规范

短视频封面来源包括账号主体手动上传和系统自动生成两种方式。为确保封面合规、合法，更利于用户体验，各短视频平台设置了以下几项通用的封面设置规范。

（1）封面禁止：严禁封面内含有违反国家法律法规的内容，如暴力、惊悚、低俗等，也不能含有二维码、微信号等推广信息，并且严禁侵犯他人的著作权。

（2）比例尺寸：图片比例为 16∶9，横板尺寸一般为 1280 像素×720 像素，最小支持 640 像素×360 像素；竖版尺寸一般为 1080 像素×1920 像素，最小支持 720 像素×1280 像素；图片大小应控制在 5MB 以内。

（3）基本要求：图片清晰，画面完整，饱和度舒适，与视频内容关联度较高。

2．根据视频内容选取封面

在根据视频内容选取封面时，编创者需要注意以下要点，如图 3-8 所示。

（1）封面要与内容相吻合

使用与短视频内容相关的封面有助于用户快速了解短视频想要表达的重点，从而留住对这类内容感兴趣的用户。例如，美妆类短视频封面中

图 3-8　根据视频内容选取封面操作要点

可以放置某品牌的化妆品图片，或一位产品体验师正在化妆的场景图片，对美妆类短视频感兴趣的用户看到封面后，可能会点击播放。

如果封面和短视频内容关联度较低，甚至完全没有关联，就会给用户造成基础认知错误，从而对短视频传播乃至账号产生负面影响。例如，美妆类短视频使用金融类封面，对美妆感兴趣的用户可能不会点击，而对金融类短视频感兴趣的用户点击后，却没有获得自己想要的内容，在这种情况下，用户就可能做出拉黑账号，甚至举报账号等行为。

（2）激发用户的猎奇心理

能够激发用户猎奇心理的封面对提高短视频播放量有非常积极的影响。例如，对于美食类短视频，编创者可以在封面中放置特色美食的成品图，利用美味可口的食物刺激用户，激发其好奇心。

（3）巧妙运用人物封面

人物封面的一大优势在于，可以利用人们对人物形象的关注引发点击、观看行为。例如，在封面中放置达人、经典卡通人物的图片，可以将这类人物的粉丝转化为短视频的用户。当然，使用人物封面也要讲究一定技巧。

善用表情：活泼生动的表情图一直是用户传播的热点，这类图片自带流量，非常适合作为短视频封面。

打亲情牌：用亲情唤醒人们的感性认知，是提高短视频封面吸引力的有效手段。

运用特效：运用特效增强封面的表达力，在短时间内吸引用户，如对背景进行虚化，

让用户感受到朦胧美。

（四）标签与内容介绍写作方法

标签与内容介绍的写作也要讲究方法。常见的"爆款"标签与内容介绍文案采用了如下公式。

1. 人物状态+情感宣泄=情感共鸣

想要自己的视频上热门，一定要和用户产生情感共鸣，这样才能促使用户点赞、评论、转发。

例如，文案："今天给外婆寄生活费回去，电话最后外婆突然哽咽地对我说：'你那么懂事的人，一定过得很不开心吧！'听完我瞬间红了眼。"这段文案说出了大多数奋斗中年轻人的心酸，只有家人才能够看出我们坚强的伪装，戳中这部分用户的软肋。

2. 故事+（提问/倒叙）设置悬念=好奇

① 提问设置悬念

在叙述故事的过程中，可以故意设置一些疑问，以此引导用户进行更深层次的思考，从而形成悬念。这样的标题会引起用户好奇，并将视频看完，一探究竟，从而这个视频就获得了更长的页面停留时间，完播率大大提高。

例如，抖音文案："今天本来开开心心地去人间游历，没想到竟有奇遇。"看到这个标题，用户就会思考到底有什么奇遇，他们就会被吸引着继续一探究竟。

② 倒叙设置悬念

将故事的结局先展现在用户眼前，在用户心中留下鲜明深刻的印象，让用户带着疑问继续看下去。

3. 人物+场景+提问=互动

短视频标签与内容介绍文案通常使用疑问句或反问句来跟大家互动，并加上与人物对话的人称，如"你喜欢哪一个？""你赞同吗？""你知道有什么意义吗？"等。

4. 精准关键词/"爆点"关键词+观点=情感表达

不管哪一个平台，背后都有自己的算法机制。第一步通常是机器审核，第二步是人工审核。机器审核一般会抓取精准的关键词来分类推荐，因此，关键词的好坏直接影响播放效果。"爆点"关键词和精准关键词不一样，"爆点"关键词更倾向于一些社会热点，如"00后""80后"等。例如，"白发老人去蹦极"和"80后老人去蹦极"相比，"80后"老人的说法就更加有"爆点"。

【答一答】

短视频的标题与标签设置有很多技巧，内容介绍的文案也是吸引用户观看短视频的重要手段，结合上面的内容，请你根据当代大学生关注的热点话题，设计一条短视频的标题、标签及内容介绍。

自我检测

一、单选题

1. 短视频的传播优势有（　　）。

    A. 时长较短　　　B. 剧情复杂　　　C. 创作门槛高　　D. 使用场合有限制

2. 下列不属于短视频制作流程的是（　　）。

    A. 项目分析　　　B. 脚本写作　　　C. 后期剪辑　　　D. 用户调查

3. 下列不属于短视频内容表现形式的是（　　）。

    A. 录屏形式　　　B. 模仿形式　　　C. 图表形式　　　D. 脱口秀形式

4. 短视频最简单、成本最低的表现形式是（　　）。

    A. 图文形式　　　B. 脱口秀形式　　C. 情景剧形式　　D. 录屏形式

5. 现在很火的一种生活类短视频表现形式是（　　），编创者运用这种形式分享自己的日常生活。

    A. Vlog　　　　　B. Blog　　　　　C. Clog　　　　　D. PGC

6. 从浏览形式来看，短视频可以分为横屏短视频和（　　）两类，二者迎合的内容消费习惯有所差异。

    A. 横屏长视频　　B. 竖屏长视频　　C. 竖屏短视频　　D. 宽屏短视频

二、多选题

1. 现在国内主流的短视频平台有（　　）等。

    A. 抖音　　　　　B. 快手　　　　　C. 微信视频号　　D. TikTok

2. 短视频制作流程包括（　　）与编辑发布。

    A. 选题策划　　　B. 脚本写作　　　C. 前期拍摄　　　D. 后期剪辑

3. 短视频的表现形式主要有（　　）、情景剧形式、模仿形式和视频博客形式。

    A. 图文形式　　　B. 录屏形式　　　C. 解说形式　　　D. 脱口秀形式

4. 短视频策划的基本原则有（　　）、紧跟网络热点以及规避敏感词。

    A. 以用户为中心　B. 注重价值输出　C. 坚持内容垂直　D. 强化选题互动性

5. 解说视频是被自媒体平台认可和支持的视频，是由编创者搜集视频素材并进行剪辑加工，然后配上（　　）和背景音乐等。

    A. 片头　　　　　B. 片尾　　　　　C. 字幕　　　　　D. 解说

6. 根据视频内容选取封面的操作要点是（　　）。

    A. 封面要与内容相吻合　　　　　　B. 激发用户的猎奇心理

    C. 巧妙运用人物封面　　　　　　　D. 封面内严禁含有违法内容

三、判断题

1. 视频号为视频制作提供了诸如背景音乐、特效道具、字幕模板等，让用户可以轻松地实现视频的制作，且更具创造性。　　　　　　　　　　　　　　　　　　（　　）

2. 竖屏短视频更适合观看时长相对较长、长视频剪辑类内容的用户；横屏短视频更适合喜欢快速切换及热衷观看音乐短视频的用户。　　　　　　　　　　　　　（　　）

3. 直播与短视频的相同之处是它们都是视频型产品，以 UGC 为主，突出个人特色，内容主题相似。   （   ）

4. 生活类短视频有着不小的用户群体，此类短视频的内容主要涉及生活技能及日常社交，主要标签有音乐、舞蹈、电竞、综艺、体育、电影等。   （   ）

5. 人文类短视频大多采用故事剧情的形式展现，更容易让用户产生代入感，为用户所接受，进而产生共鸣。   （   ）

四、名词解释

1. 短视频

2. 抖音

3. PGC

4. 拍摄提纲

5. 流量池

6. 视频标签

五、简答题

1. 简述短视频的定义与特点。

2. 简述生活类短视频的内容特点。

3. 简述短视频中情景剧的表现形式。

4. 简述抖音短视频平台的特点。

5. 选题策划中如何紧跟网络热点？

6. 短视频编辑发布的主要步骤有哪些？

六、论述题

如何设置短视频的标题？

项目实施

一、项目导入

某速食品牌委托苏州方向文化传媒股份有限公司就旗下新产品"微波菜"推广进行短视频创作。经过前期数次沟通，得到如下创意简报。

"微波菜"短视频项目创意简报

客户定位："二十年的速食品牌推出的健康速食新产品"

发布平台：抖音、天猫、京东

视频时长：1～3分钟

推广目标：主要通过短视频广告提升用户对"微波菜"的认知，进而选择"微波菜"

产品名称：×××"微波菜"

销售渠道：以天猫、京东品牌旗舰店线上销售为主

用户群体：以都市工作人群为主

主要竞品：方便面等速食产品、外卖产品

主要卖点：健康、方便、放心

产品特点：

　　操作简易：只需要微波炉简单加热，做一道菜仅需三分钟

　　方便快捷：免清洗、免切、免配备调料

　　卫生包装：菜肴按照严格的卫生标准制作、包装，无防腐剂，让人放心

　　经济实惠：价格贴近大众，对家庭及单位食堂、中小型饭店普遍适合

　　质量上乘：产品由专业国家高级厨师调配，采用优质无公害原料，配以李锦记、海天等专业调料

主要产品系列：

水产类：清炒特大虾仁、野生虾仁、清鱼片、黑鱼片、鲜贝等

牛肉类：蚝油牛柳、黑椒牛排、酱爆牛肉丝等

猪肉类：鱼香肉丝、椒盐排条、咕噜肉等

家禽类：酱爆鸡丁、奥尔良烤翅、椰丝鸡柳等

煲汤类：老鸭煲、牛腩煲等

火锅系列：虾仁蛋白肉、水面筋塞肉、香菇贡丸等

二、实施目标

本项目是为了让学生通过短视频商业项目的编创实操，加深对短视频概念和内涵的认知，了解短视频项目的制作流程，熟悉短视频平台规则及各平台对短视频内容的要求，了

解平台推荐算法，能够根据项目需要进行短视频的选题策划、脚本写作和编辑发布工作；在完成任务后，总结短视频从选题策划到脚本写作，继而到编辑发布过程中的编创方法与技巧，初步具备短视频编创能力，并通过拓展案例的学习，举一反三，能够完成不同平台的短视频选题策划、脚本写作和编辑发布工作，巩固和提升短视频编创的知识、技能，养成短视频编创岗位的规范操作，形成较好的职业素养。

三、实施步骤

首先完成知识准备部分内容的自学，了解短视频的概念与内涵，熟悉当前短视频主流平台，掌握短视频选题策划、脚本写作与编辑发布的方法与技巧，同时熟知短视频发布的相关法律法规。

课中要求将掌握的知识技能，通过任务驱动的方式，以苏州方向文化传媒股份有限公司实际商业案例为示范，进行方法讲解，然后经过分组讨论、自主研习与教师讲评等环节依次进行学习训练，巩固对短视频概念与内涵的认知，加强对短视频编创、发布规则与技法的理解，为后续具体项目的开展打下坚实的基础。

项目实战训练中采用线上和线下混合式的方式，学生以小组为单位协同合作，运用短视频平台网上的案例或平台辅助软件，共同完成本项目的认知任务。

每项任务的实战训练的开展都要求学生以思维导图和图文表格的方式呈现，通过小组同学的集思广益，共同完成学习任务。

四、任务分析

根据创意简报的内容，进行项目任务分析，明确短视频制作与发布需求，同时确定短视频编创目标，并进一步细化短视频任务实施流程，如图 3-9 所示。

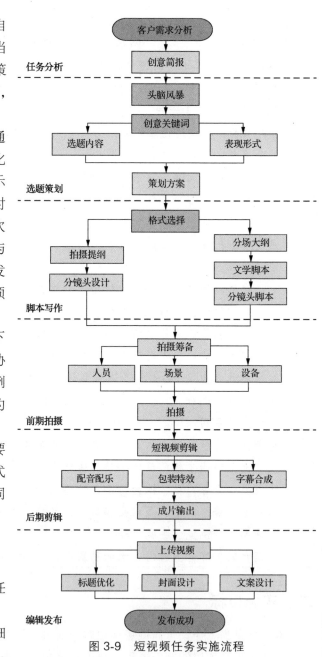

图 3-9　短视频任务实施流程

任务一　短视频选题策划　↓

（一）任务描述

根据前面提供的创意简报，分组完成选题策划会，会议中主要有头脑风暴、整理创意关键词等环节，根据创意关键词选择合适的选题内容及表现形式，如果有必要，可以开多次创意策划会，直到完全确定选题内容和表现形式，并使用思维导图记录会议内容。根据提供的策划方案模板（见表3-7），完成"微波菜"选题的策划方案。

表 3-7　　　　　　　　　　　　策划方案模板

"微波菜"策划方案				
客户			片长	
视频格式			发布平台	
目标定位				
目标用户				
创意关键词				
创意策略分析				
选题内容				
表现形式				
创意概述				
参考影片				
制片需求				
其他				

（二）方法步骤

1. 明晰本项目短视频的内容规范与要求，从创意性、知识性、专业性、娱乐性、情感性、完整性、健康性等角度确定本项目内容的创作方向。选题策划流程如图3-10所示。

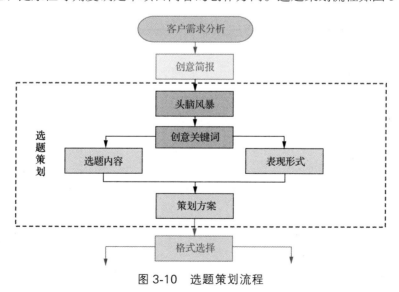

图 3-10　选题策划流程

2. 通过头脑风暴，筛选确定本项目的创意关键词。创意关键词主要指核心的创意文案，如口号标语、标题文案、台词金句等，这是确定一个短视频的选题内容与表现形式的关键步骤。在确定选题时，注意要通过市场调查，借鉴经验，积极关注、迎合用户需求，使用互动式、参与式主题等方式，体现与众不同的个人特色。

3. 在制定"微波菜"策划方案时要重视关键问题，合理利用资源，团队成员分工协作，最后分解目标，逐级完成。策划方案时需要把握以下原则：以用户为中心；注重价值输出；坚持内容垂直；增强选题互动性；紧跟网络热点；规避敏感词。

（三）实战训练

根据"微波菜"项目创意简报，完成剧情类短视频策划方案。

（四）评价总结

小组内同学根据写作情况进行讨论和评议（见表 3-8），再由教师或企业导师点评总结。

表 3-8　　　　　　　　　　　　　学生互评表

知识目标	评价	技能目标	评价	素质目标	评价
短视频的概念	A B C D E	选题策划能力	A B C D E	树立创新意识和创新精神	A B C D E
主流的短视频平台	A B C D E			掌握理论和实践相结合的学习方法	A B C D E
短视频的传播优势	A B C D E			能够和团队成员协作，共同完成项目和任务	A B C D E
短视频的制作流程	A B C D E				
短视频的表现形式	A B C D E				

任务二 短视频脚本写作 ↓

（一）任务描述

1. 根据任务一已经完成的项目策划方案，选择合适的短视频脚本格式。

2. 根据提供的分镜头脚本案例，分析分镜头脚本的格式，完成"微波菜"项目分镜头脚本的写作。脚本写作流程如图 3-11 所示。

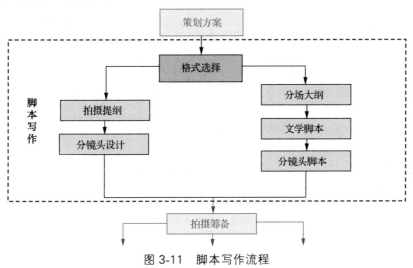

图 3-11 脚本写作流程

（二）方法步骤

通常进行脚本写作前先要确定脚本的格式。脚本一般分为拍摄提纲和详细脚本两类，如果短视频内容较少或比较简单，场景相对单一，没有相对复杂的人物、剧情，又或者拍摄的内容随机性较强，如采访、记录等，这些内容更适合简要的拍摄提纲；反之，则需要进行详细脚本的写作。拍摄提纲完成后可以进行镜头的具体设计。详细脚本的创作流程又可以细分为分场大纲、文学脚本、分镜头脚本等步骤，这是一个由简单到复杂、逐步精细化创作的过程。分镜头脚本案例如表 3-9 所示。

表 3-9   **分镜头脚本案例**

场景	镜号	景别	镜头运动、视角	画面内容	对白	音乐/音效	时长/s
01	1	全景	缓移	办公室内众人办公场景，每个人都在操作计算机、处理文件		键盘敲击声、打印机声音、整理文件声音等	4
	2	近景	缓移	前景为绿植，显示器后面，微胖男生在办公，他有点疲惫，动了动脖子，看向右手边桌上的时钟		键盘敲击声、打印机声音、整理文件声音等	4
	3	特写	固定，微胖男过肩镜头	键盘旁边的时钟显示时间为 11:00		键盘敲击声、打印机声音、整理文件声音等	2

续表

场景	镜号	景别	镜头运动、视角	画面内容	对白	音乐/音效	时长/s
01	4	近景	轨道平移镜头	微胖男生转过头看向右边的座位，镜头跟随视线向右移动，微胖女生还在工作，微胖男生用嘴吹气发出轻微的声音，微胖女生听到声音头也没转，眼睛瞟向微胖男生		键盘敲击声、打印机声音、整理文件声音等；微胖男生发出的吹气声	4
	5	近景	固定，微胖女生主观视角	微胖男生转过身，凑近镜头，轻声说："中午吃什么？"	中午吃什么？	键盘敲击声、打印机声音、整理文件声音等	2
	6	近景	固定，反打微胖女生	微胖女生侧身转过来，皱皱眉头说："你吃什么？"	你吃什么？	键盘敲击声、打印机声音、整理文件声音等	4
	7	近景	固定，正打微胖男生	微胖男生耸耸肩，撇了一下嘴，摊手表示不知道		键盘敲击声、打印机声音、整理文件声音等	2
02	8	特写	固定，反打微胖女生	微胖女生把食指放在嘴角，嘴里一边嘀咕，一边视线向上看，开始想象	吃西式快餐吧……		4
	9	近景	固定，想象画面	微胖女生面前放着一桶炸鸡，她肆意啃着鸡腿、鸡翅……	热量太高		4
03	10	全景	固定，想象画面	微胖女生站在穿衣镜前试裙子，拼命收腹，拉短裙的拉链	我的		4
	11	特写	固定，想象画面	微胖女生短裙拉链拉不上	腰围……		4
	12	特写	固定，想象画面	微胖女生因收腹憋得有点发红的脸，她还在拼命呼气收腹		（呼气声）	4
01	13	特写	固定，反打微胖女生	微胖女生从想象中回来，视线从看天慢慢向下，看到自己的腹部，快速摇头说："不不不不……"	不不不不，绝不能让这样的事情继续发生		6
	14	特写	固定，正打微胖男生	微胖男生视线看天，进入想象	要不……		2
04	15	中景	移，想象画面	微胖男生在排队，起幅画面中只有微胖男生，镜头从微胖男生开始缓慢移动向前拍，微胖男生前面很多人，移动的过程中，微胖男生后面的队伍也不断来人，队伍排列很紧，微胖男生很局促，很不舒服	去楼下面馆……这队伍比面条还长		10

续表

场景	镜号	景别	镜头运动、视角	画面内容	对白	音乐/音效	时长/s
04	16	近景	固定，想象画面	微胖男生被夹在队伍中，不停地跷起脚尖看看前后队伍			4
01	17	近景	固定，正打微胖男生	微胖男生擦了一下冷汗，说："我可不想再做人肉夹馍。"	我可不想再做人肉夹馍		4
	18	近景	固定，反打微胖女生	微胖女生说："那我们还是叫外卖吧。"然后拿起桌上的手机	那我们还是叫外卖吧		2
	19	特写	固定，微胖女生主观视角	手机解开锁屏，屏幕上出现美团、大众点评、饿了么……微胖女生不知道点哪个，在犹豫	（微胖女生）这个……这个……（微胖男生）你这个重度选择困难症		8
	20	特写	固定，正打微胖男生	微胖男生说："等你选好都到晚饭时间了。"说完，脸上露出无奈的表情	等你选好都到晚饭时间了		4
	21	特写	固定，反打微胖女生	也是同样一脸无奈的表情，然后好像突然想到了什么，转身看向身后		漂亮女生的脚步声	4
	22	中景	固定，微胖女生过肩镜头	漂亮女生端着水杯从过道走过来		漂亮女生的脚步声	4
	23	中景	固定，微胖男女生双人镜头	微胖男生和微胖女生两人一起问："你中午吃什么啊？"	你中午吃什么啊？		4
	24	近景	固定、升格	漂亮女生向两人微笑点头不语，优雅地走出画面		漂亮女生的脚步声	6
05	25	近景	固定	冰箱前，漂亮女生右侧入画，伸手打开冰箱			4
	26	特写	固定，漂亮女生过肩镜头	打开的冰箱，漂亮女生的手入画拿出微波菜			4
	27	特写	固定，漂亮女生主观镜头	微波炉前，漂亮女生的手入画打开微波炉，把微波菜放入			4
	28	中景	固定	微波炉前，漂亮女生转过身，手里拿着加热好的饭菜，面对镜头走出画面		微波炉声音"叮"！漂亮女生的脚步声	4
	29	近景	移	微胖男生、微胖女生目瞪口呆的表情，从微胖女生移到微胖男生的表情，微胖男生流着口水			6

续表

场景	镜号	景别	镜头运动、视角	画面内容	对白	音乐/音效	时长/s
05	30	中景	固定，微胖女生过肩镜头	漂亮女生拿着饭菜的背影，她走到自己的位置坐下			4
	31	大特写	移、升格	漂亮女生拿着筷子夹起一口菜放进嘴里，镜头画面跟着动作移动			6
	32	特写	固定、升格	漂亮女生咀嚼食物，闭上眼露出很享受的表情			4
	33	近景	固定	前景是漂亮女生在很享受地吃饭，背景是两个人站起来偷偷看漂亮女生在吃什么，画面焦点虚化，出Logo和标语："×××，美味佳肴，我会挑"	（漂亮女生解说）×××（品牌名），美味佳肴，我会挑		4

剧本校对：　　　　　　　　　　　　　导演：

（三）实战训练

根据"微波菜"项目短视频策划需求，进行短视频分镜头脚本的写作。

（四）评价总结

小组内同学根据学习情况进行讨论和评议（见表 3-10），再由教师或企业导师点评总结。

表 3-10　　　　　　　　　　　学生互评表

知识目标	评价	技能目标	评价	素质目标	评价
创意简报的概念	A B C D E	短视频拍摄提纲写作	A B C D E	树立创新意识和创新精神	A B C D E
拍摄提纲的概念与格式	A B C D E	短视频分镜头脚本写作	A B C D E	掌握理论和实践相结合的学习方法	A B C D E
分镜头脚本的概念与格式	A B C D E			能够和团队成员协作，共同完成项目和任务	A B C D E

任务三　短视频编辑发布　↓

（一）任务描述

1. 将后期剪辑好的短视频上传至抖音平台，并根据规则拟定合适的标题。

2. 在抖音平台根据规则选取、设置视频封面或上传单独设计的视频封面。

3. 根据规则完成视频内容介绍文案，包括关键词、引导、互动等，最后适时发布短视频。

（二）方法步骤

编辑发布流程如图 3-12 所示。

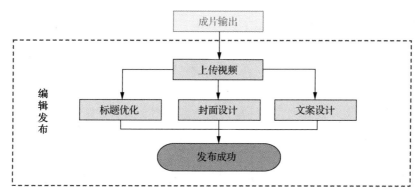

图 3-12　编辑发布流程

1. 标题拟定方法

标题的核心作用有两个：一是给用户看，优秀的标题能够促使用户点击观看短视频；二是给平台看，使短视频获得更好的推荐和流量。从给用户看的层面来看，拟定的标题需要达到两个目的：刺激互动（点赞、评论、转发等）和唤醒情绪（爱情、友情、感情、感动、愤怒、爱国等）。从给平台看的层面来看，拟定的标题需要在定位、关键词、行业专属词汇方面清晰明了，方便平台算法对视频进行归类与精准推荐；同时可以结合热门话题标签、@好友或官方小助手等方式获得更高的访问流量。

短视频拟定标题的原则一般有以下几条。

（1）核心语句概括发生的事情。

（2）利用好奇心，让用户猜疑、揣测、验证。

（3）巧用反问、疑问、设问句，让用户点赞、分享、转发、评论。

（4）使用热门关键词"蹭"热度。

（5）多用"你+情感+地域+代入"的模式。

短视频常见标题模板如图 3-13 所示。

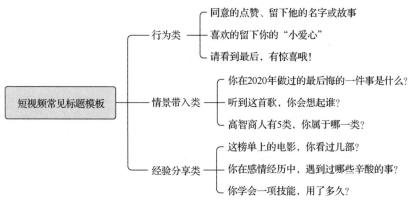

图 3-13　短视频常见标题模板

2．封面设计方法

抖音短视频封面设计主要目标是吸引用户点击，以低成本获取曝光机会。抖音可以设置正常平面图和动态图两种封面。

封面设置的一般原则：文字一定要大，不低于 24 号字，最好不要超过 30 个字符；居中；封面设置停留 1～2 秒；封面尺寸为 540 像素×960 像素，竖版。

3．文案设计方法

编辑发布阶段的文案设计主要包括短视频内容介绍文案、话题和标签等。

新手进行文案设计时，可以根据总结的写作公式进行文案创作。

（1）人物状态+情感宣泄=情感共鸣。

（2）故事+（提问/倒叙）设置悬念=好奇。

（3）人物+场景+提问=互动。

（4）精准关键词/"爆点"关键词+观点=情感表达。

（三）实战训练

将"微波菜"项目中完成的短视频在抖音平台进行编辑发布。

（四）评价总结

小组内同学根据学习情况进行讨论和评议（见表 3-11），再由教师或企业导师点评总结。

表 3-11　　　　　　　　　　　　　学生互评表

知识目标	评价	技能目标	评价	素质目标	评价
短视频编辑发布	A B C D E	短视频标题设定	A B C D E	树立创新意识和创新精神	A B C D E
平台的推荐算法	A B C D E	短视频封面设置	A B C D E	掌握理论和实践相结合的学习方法	A B C D E
平台敏感词	A B C D E	短视频标签与内容介绍写作	A B C D E	能够和团队成员协作，共同完成项目和任务	A B C D E

项目实施评价

一、学生自评表

自评技能点	佐证	达标	未达标
短视频的概念	了解短视频的概念		
短视频平台	熟悉短视频平台及其特点		
短视频的传播优势	掌握短视频的传播优势		
短视频的策划制作流程	掌握短视频的策划制作流程		
短视频的表现形式	熟悉短视频的表现形式		
短视频选题策划	能够根据要求进行内容选题策划		
短视频拍摄提纲写作	能够进行短视频拍摄提纲写作		
短视频分镜头脚本写作	能够进行短视频分镜头脚本写作		
短视频发布文案写作	能够按照传播需求对短视频进行标题、标签、封面和内容介绍的写作		
短视频编辑发布	能够将短视频根据不同平台特点进行编辑发布		
自评素质点	**佐证**	**达标**	**未达标**
创新意识、创新精神	能够树立创新意识和创新精神		
理论实践结合的学习方法	能够掌握理论和实践相结合的学习方法		
团队协作能力	能够和团队成员协作，共同完成项目和任务		

二、教师评价表

自评技能点	佐证	达标	未达标
短视频的概念	了解短视频的概念		
短视频平台	熟悉主流短视频平台及其特点		
短视频的传播优势	掌握短视频的传播优势		
短视频的策划制作流程	掌握短视频的策划制作流程		
短视频的表现形式	熟悉短视频的表现形式		
短视频选题策划	能够根据要求进行内容选题策划		
短视频拍摄提纲写作	能够进行短视频拍摄提纲写作		
短视频分镜头脚本写作	能够进行短视频分镜头脚本写作		
短视频发布文案写作	能够按照传播需求对短视频进行标题、标签、封面和内容介绍的写作		
短视频编辑发布	能够将短视频根据不同平台特点进行编辑发布		
自评素质点	**佐证**	**达标**	**未达标**
创新意识、创新精神	能够树立创新意识和创新精神		
理论实践结合的学习方法	能够掌握理论和实践相结合的学习方法		
团队协作能力	能够和团队成员协作，共同完成项目和任务		

延伸案例 1　某品牌扫地机器人短视频项目

某品牌扫地机器人短视频项目创意简报如下。

某品牌扫地机器人短视频项目

客户定位："智能家电品牌领跑者"

发布平台：淘宝网"每日好店"栏目

视频时长：1～3 分钟

推广目标：通过短视频提升用户对新型号扫地机器人的认知，进而促进消费

产品名称：DD35 扫地机器人

销售渠道：以品牌旗舰店线上销售为主

用户群体：以都市年轻工作群体为主

某品牌扫地机器人短视频项目脚本如下，短视频截图如图 3-14 所示。

产品名称：DD35 扫地机器人

角色：

A：小思（女），职场新人，天真可爱，活泼，有些大条（人物参考《欢乐颂》邱莹莹）。

B：小林（男），年龄长于小思，相对稳重，成熟，很帅气，阳光。

C：迪迪（DD35 扫地机器人）。

剧情：

第一场

早晨，小思准备出门上班去。关上家门前，她对着家里的迪迪说："迪迪，拜拜！"

关上门后，小思朝电梯走去，眼看电梯门即将关上，小思大喊一声："等一下！"电梯里的人听到叫声，立刻伸手按住了按钮。

小思跑进电梯，松了口气。

电梯里的是同住一层楼的邻居小林。

两人相视而笑。

第二场

这样的场景几乎隔三差五地上演。于是，除了相视而笑，两人相互间又多了礼貌问候："早安！"与"再见！"不仅如此，在其他一些场合，他们也会巧遇。例如：丢垃圾、出门跑步……爱情，妙不可言，慢慢滋长。小思对小林渐生好感，在见到小林时不敢直视对方，脸红，心里像装着个小鹿，"怦怦"乱跳。

第三场

一天，小思在家中沙发上坐着。她正将买回来的一枝枝白玫瑰插进花瓶中，摆在茶几上，拨弄着。迪迪正在房里穿来穿去，打扫屋子。

小思坐在沙发上，脑中浮现着见到小林时的一幕幕，发起呆来。她一手撑着脑袋，一手将一支还未插进花瓶的花拿起，捏在手中。

就连迪迪绕着她的脚，又钻到沙发底下清扫也没有注意到……

第四场

小思从沙发上站起，朝着阳台方向走去。她一边掰着花瓣，一边嘟囔着：他爱我，他不爱我，他爱我，他不爱我……花瓣飘落在地板上，迪迪一直跟在她身后，将花瓣吸进"肚"中，模仿着小思说话的样子：他爱我，他不爱我，他爱我，他不爱我……

一不小心，剩下的花骨朵都掉在了地上，没等小思弯腰去捡，迪迪已将它们全部吸了进去，可把小思急坏了。小思将迪迪抓起，使劲摇，有些抓狂地喊着：快把它吐出来，我的终生幸福就靠它啦！

可迪迪还在重复着小思的话：他爱我，他不爱我……

这时，隔壁小林正巧走到阳台上伸个懒腰，闻声，转过身看，两人四目相对。霎时，小思尴尬极了。可偏偏，迪迪又冒出一句：他爱我。

第五场

"啊……不行，不行！"小思叫着，她这才发现原来刚才的一切都是想象罢了，小思长舒一口气，往沙发后一仰。

此时，迪迪绕出沙发区域，正朝另一个方向移动过去。

画面淡出。

图 3-14　《DD35》短视频截图

延伸案例2　公益广告短视频项目

未成年人家庭教育公益广告创意简报如下。

> 片名：《你想让他成为谁》
>
> 片长：60秒
>
> 创意策略：
>
> 在学习任务日益加重的今天，中小学生们在课余时间并没有得到休息，家长们攀比着让孩子进行各种补习、培训，有的孩子失去了快乐、天真的童年生活，从而诱发了学生的各种不良反应。影片通过艺术处理的手法呼唤家长还原孩子本该有的生活。
>
> 影片概述：
>
> 画面中老师在激情教授学生各种方程式，一个带着爱因斯坦面具的孩子坐在那里听讲（字幕：周一，爱因斯坦）；一个带着某知名企业家面具的孩子在讲台上激情演讲（字幕：

周二，企业家名字）；画面中的孩子带着郎朗的面具在激情地弹奏钢琴（字幕：周三，郎朗）；画面中的孩子带着毕加索的面具在画画（字幕：周四，毕加索）；画面中的孩子带着姚明的面具在练习篮球（字幕：周五，姚明）；画面中的孩子带着李小龙的面具在练武术（字幕：周六，李小龙）；画面中的孩子带着杨丽萍的面具在排练孔雀舞（字幕：周日，杨丽萍）。字幕：你想让孩子成为谁？或者他（她）自己？（孩子微笑着站在一起）

参考影调如图 3-15 所示。

图 3-15　参考影调

未成年人家庭教育公益广告拍摄脚本如表 3-12 所示。

表 3-12　　　　　　　　　　未成年人家庭教育公益广告拍摄脚本

镜号	景别	画面内容	旁白/字幕	道具	服装
1	特写	老师讲课的嘴			
2	近景	老师用粉笔写方程式		粉笔、黑板	白衬衫、领带
3	近景	老师用尺子画线、弄领带		木质三角板、白衬衫、领带	白衬衫、领带
4	近景	小孩 A 戴着爱因斯坦的面具听课	周一，爱因斯坦	面具、课桌、黑板	
5	全景	小孩 B 戴着某知名企业家面具激情地演讲，镜头跟移转场	周二，某知名企业家/不要等到明天，明天太遥远，今天就行动	话筒架、话筒、面具	礼服（沟通）
6	近景	小孩 B 戴着某知名企业家面具激情演讲，镜头跟移转场		话筒架、话筒、面具	礼服（沟通）
7	全景	小孩 C 戴着郎朗的面具弹奏钢琴，镜头跟移转场	周三，郎朗	钢琴、面具	礼服（沟通）
8	全景	小孩 D 戴着毕加索的面具作画，镜头跟移转场	周四，毕加索	画、画板、画架、画笔、面具	
9	全景	小孩 E 戴着姚明的面具投篮	周五，姚明	篮球、面具	篮球服
10	全景	小孩 F 戴着李小龙的面具在练习武术动作	周六，李小龙	面具	黄色紧身服
11	全景	小孩 G 戴着杨丽萍的面具跳孔雀舞	周日，杨丽萍	面具	舞蹈服
12	全景	7 个小孩站在一起灿烂地笑	你想让孩子成为谁？或者他（她）自己？		

项目四

直播编创

知识目标

1. 了解直播的概念
2. 了解直播的分类及特点
3. 掌握直播的传播优势
4. 掌握直播的流程步骤
5. 掌握直播流程脚本和主播台本的写作方法
6. 掌握主播的话术技巧

技能目标

1. 能够分析不同平台直播的特点
2. 能够根据直播素材策划宣发文案
3. 能够写作直播宣发文案
4. 能够写作直播流程脚本
5. 能够根据直播内容写作主播台本

素质目标

1. 具备团队合作精神，小组能够协调分工完成任务
2. 具备创新意识、创新精神，能够在合作中提出有用的建议
3. 具备资源整合能力，能够借助外部资源进行直播策划

思维导图 ↓

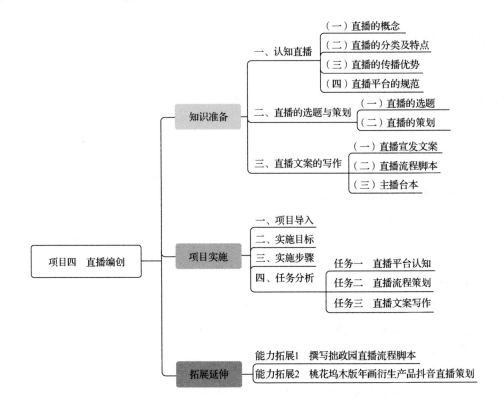

知识准备

一、认知直播

直播是新媒体的重要形式，直播真实、及时、方便、互动的特性在新媒体阵营中独树一帜，越来越有影响力，参与者越来越多，受众越来越广，影响也越来越大。基于此，认识直播、了解直播、掌握直播和有效地应用直播成为新媒体从业者必须直面的问题。

本项目是为了让直播项目中的编创者能够熟练地掌握直播中的选题策划和文案写作能力，同时解决在此过程中可能出现的问题。

思考问题

（1）什么是直播？

（2）直播和短视频的区别是什么？

（3）直播有哪些类型和特点？

（一）直播的概念

直播是一个广播电视术语，是相对于录播而言的一种媒体传播方式。录播是事先录制的素材，经过编辑成片后，在计划的时间播出，播出时事件并没有同步发生，有一定的滞后性。直播则是事件发生的同时，现场实时采集音频、视频，通过播出平台实时播出，播出事件同步发生。相对录播，直播有实时同步性。

直播的目的是让不在现场的受众通过声音、画面等信息实时了解现场的情形。广播电视意义上的直播是单向的传播，虽然有及时性，但是缺乏与场外用户的互动。

随着网络的兴起，另一种直播诞生了。在网络论坛上，通过连续的图文形式进行发帖讲述被称为直播帖，论坛的参与者可以随时发帖互动，兼具一定的及时性与互动性。进入移动互联时代后，随着即时通信技术的完善，音视频实时通信成为可能，视频直播随之兴起，以一种简单快捷的方式，满足用户观看现场的同时与主播实时互动的需求。

由此可知，现代意义上的直播是指利用移动互联网、流媒体技术进行现场视频直播。通过现场拍摄视频，将其同步发布到网络上，用户可以第一时间在网络上看到实时现场的一切活动。

目前，随着移动通信技术的进一步发展，各大直播平台主要通过移动端 App 为用户提供服务。特别是 2020 年以来，线上教育、直播电商的加入，丰富了直播的形式和作用，颠覆了传统的盈利方式，同时也为平台带来了新的发展空间。

【答一答】

直播在移动端为用户提供服务将来会逐步成为常态，这对传统的广告和营销会产生怎样的影响？

_____

_____

（二）直播的分类及特点

1. 直播的分类

凡是符合实时将现场实景，通过声音、画面等各种信息渠道传递到场外用户的行为，都可以称为直播。本项目探讨的直播限定于新媒体平台上的音视频直播。根据直播的硬件平台、软件平台、主体、内容等标准，直播可以分成不同的类别：根据硬件平台，直播可以分为电视直播、网络直播、手机直播等；根据软件平台，直播可以分为淘宝直播、抖音直播、快手直播等。直播有着丰富的软件平台，不同的平台有着不同的操作界面，但大多是依托于一个直播内核软件改造出来的不同产品。根据主体，直播可以分为政府、企业、机构、个人等不同主体的直播；根据内容，直播可以分为公益文化类直播、商业广告类直播、生活娱乐类直播、教育教学类直播等。

直播平台本身的类型多样，目前行业内常见的分类是依照平台的功能类别进行分类，如表 4-1 所示，即网络直播平台主要分为秀场类直播、泛娱乐类直播、电商类直播和资讯类直播等类别。通过对每个类别的典型代表平台的分析比较可知，电商类直播与生活的联系更加紧密，是应用广泛并具有融合发展趋势的直播类型。

表 4-1　　　　　　　　　　直播的分类、特点及代表平台

直播分类	特点	代表平台
秀场类直播	唱歌、跳舞、才艺表演为表现形式的直播	一直播
泛娱乐类直播	粉丝与偶像零距离接触	映客、花椒、斗鱼、虎牙
电商类直播	展示商品的功能特点、优势卖点，激发用户的消费欲望，进而引起现场认同及购买行为	淘宝直播、京东直播
资讯类直播	以新闻传播为主	今日头条、腾讯直播

（1）秀场类直播

秀场类直播指直播内容为唱歌、跳舞、才艺表演等。秀场类直播是模仿传统的选秀节目搭建的直播形式，主播主要发挥唱歌、跳舞等特长博取用户的喜欢等。目前秀场类直播正在由用户生产内容（UGC）转化为专业用户生产内容（PUGC），越来越趋于专业化、垂直化，不断增强平台和用户的黏性。

（2）泛娱乐类直播

泛娱乐类直播是后起之秀，目前发展态势良好，属于商业模式成熟、用户群体稳定的一类直播平台。泛娱乐类直播的主要直播平台有映客、花椒，它们已经占据直播市场的大

部分份额，是资本青睐的重点对象，发展迅速，收益丰厚，对直播的要求较高，竞争门槛也较高。

泛娱乐类直播是当前市场上用户数量最大的一个类别，艺人、剧组、"网红"的入驻保证了平台的粉丝基数。粉丝与偶像零距离接触，是直播 App 相对于传统媒体平台的最大优势。泛娱乐类直播用户最多，年龄层广，用户的年龄层分布广、年轻用户活跃度高，一二线城市具有消费能力的用户占主流。

泛娱乐类直播并不专注于某一直播领域，而对所有可直播的领域，如演唱会、户外等都进行直播，再加上移动互联网发展成熟、内容获得便捷，形成了全民直播之势。

（3）电商类直播

电商类直播以销售产品为主要目的，主要通过主播介绍、演示、比较、展示商品的功能特点，激发用户的消费欲望，进而引起现场认同购买，从而达到出售商品或提供服务的商业目的。电商类直播的模式把早先的电视购物进行了升级，比起文字或视频更加直观，与用户的互动性也更强，变现最快，方式直接。

电商类直播的典型代表平台为淘宝直播，用户中具有一定消费水平的女性占八成以上。平台拉拢大量艺人、"网红"以及品牌入驻，也是吸引用户的最主要方式。

（4）资讯类直播

资讯类直播，顾名思义就是以新闻传播为主的直播。资讯类直播的平台主要有今日头条、腾讯直播等。资讯类直播最看重的就是时效性和准确性，在一些重要的时间节点和大事件的传播中，这两点极为重要，资讯类直播就可以满足人们的新闻需求。

【答一答】

直播的应用越来越广泛，具有融合发展趋势的直播类型是哪种？请结合农产品销售方式的变化加以说明。

他山之石　　直播的其他划分方法

从用户参与直播所要满足的需求的角度来划分，直播可以划分为社交类直播、商业类直播和内容类直播。

社交类直播是指用户为满足社交需求而参与的直播。秀场类直播就是最常见的社交类直播，主播通过聊天、展示才艺或体验服务等吸引用户，用户的目的则是交友、寻求与主播之间互动等。社交类直播还可以再细分为交友类直播、表演类直播和生活类直播等。

商业类直播是指用户以参与商业活动实现消费为目的的直播。电商类直播是最常见的商业类直播，此外还有金融类直播、企业类直播等。电商类直播按所推介商品或服务还可以再细分为服装类直播、美妆类直播、珠宝类直播、美食类直播、果蔬鲜花类直播、家电类直播等。

内容类直播是指用户以内容消费为目的而参与的直播。最常见的有资讯类直播、娱乐类直播、知识类直播等。其中，资讯类直播按主播推介的资讯内容可以分为新闻类直播、评论类直播等。娱乐类直播根据展示的内容产品或服务分为综艺类直播、演出类直播、赛事类直播、游戏类直播、表演类直播等。知识类直播是指由主播讲解、传授某领域或跨领域的专业知识，与用户密切互动，用户以学习某领域或跨领域专业知识、掌握某领域或跨领域技能，提升自身知识水平和职业活动能力为参与目的而参与的直播。

按照不同的标准，直播的不同分类之间可能存在着交叉或叠加关系。根据直播对象的范围，直播还可以划分为公域直播和私域直播。公域直播的对象是开放的、不特定的，即公众，电商类直播就是典型的公域直播；私域直播的对象则是封闭的、特定的，网络教学通常就属于私域直播，仅对符合条件的对象开放。

直播本质上是一种信息传播方式，随着互联网应用的普及，直播正在向社会生活的各个领域渗透，如继电商类直播后出现的教育类直播、旅游类直播、医疗类直播、各种生活场景类直播等。不同的直播类型之间并不是泾渭分明的关系，而是既存在着叠加关系，又存在着转化关系。至于网络直播的法律属性，只能根据具体情况而定，不能用同一的性质来贴标签。

2. 直播的特点

直播利用互联网直观、快速，表现形式好、内容丰富、交互性强、地域不受限制、受众可划分等特点，加强了活动现场的推广效果。现场直播完成后，直播主体还可以随时为用户继续提供重播、点播，有效延长了直播的时间和空间，发挥直播内容的最大价值。具体来说，直播有以下 6 个特点。

（1）时间碎片化

网络直播不需要像上课一样整整一段时间聚精会神地观看，而是可以在零碎时间观看，如乘坐公共交通、睡前休憩时，并且可以随时停止观看。

（2）消费持续性

不同于一次性消费，直播观看行为会持续进行，类似于观看电视台每天播出的电视剧。持续性是直播"圈粉"非常重要的一点，粉丝每天都期待着主播直播，一旦几天未直播或直播无规律，粉丝流失的速度将十分惊人。

（3）社交互动性

直播软件使得用户得以与主播实时互动。这样的双向即时互动是其他的文字、视频交流方式难以匹敌的。不论是社交软件还是视频软件，发布者与接受者之间的交流量少，时效性低。在热门博主与热门视频发布者身上，这种现象更明显。而在直播中，不论主播的名气大小，都能与用户实时交流经验。

（4）弹幕亚文化

弹幕作为一种亚文化，在直播中实现了文化生产消费的有机循环。用户把弹幕作为表达惊喜、惊讶、愤怒、悲伤等感情的工具，形成了一系列独特的弹幕文化，并进一步强化了用户的群体认同心理。

（5）分享快捷化

在享受直播带来的愉悦的同时，用户也能通过发送链接或二维码的方式便捷地将直播间分享到朋友圈、微博等社交软件，被分享者不需要进行额外操作也能准确、迅速地进入对应的直播间。

（6）无标度分布

用户并不是被平均分配给每个主播的，而是以一种幂律分布的方式聚集和分布。马太效应促使已经知名的主播占据了大部分的用户资源，而不知名的主播，其用户及粉丝数量甚至不及知名主播的百分之一。

【答一答】

从直播的发展过程中，你能否总结出用户的接受规律？网络直播的特点决定了将来的直播会发生什么样的变化？

_____

_____

（三）直播的传播优势

直播作为一种新型的传播方式，吸取和延续了互联网的优势，将引领媒体信息传播与互联网应用向更高层次发展。这都源于直播的独特优势，如受众广泛、获取方式多样、互动性强、时空适应性强等。

（1）受众广泛

网络媒体的影响力巨大，其广度与范围远远超过其他媒体。据第48次《中国互联网络发展状况统计报告》，截至2021年6月，我国网民规模达10.11亿，互联网普及率71.6%。如此高的普及率为我国利用互联网进行直播提供了良好的受众基础。同时，国家信息化推广与普及的战略使能够正确使用与操作信息化设备的人群大幅增加。利用互联网进行电子商务活动（如网上购物）、电子政务活动（如证件申领、违章查询）、金融服务（如办理银行业务、证券业务、产权交易）、沟通交流（如网上聊天）、娱乐（如玩游戏、看视频、唱卡拉OK）、获取新闻等，已成为人们在现代社会中生活与工作的重要组成部分。

（2）获取方式多样

台式计算机、笔记本电脑、平板电脑、智能手机等都可以实现直播内容的获取，用户可以根据自身需要进行选择。网络终端的多样性使获取直播内容的方式更加丰富。

（3）互动性强

与传统媒体相比，新媒体的突出特点是互动性。利用传统电视观看，信息传播是单向的，用户被动接受，难以实现互动交流。而利用网络平台观看，用户可以通过直播平台留言互动、连麦互动、视频互动，信息传播是双向的，用户参与效果明显。

（4）时空适应性强

现代快节奏的生活与工作方式使人们活动的区域不断扩大，时间跨度不断拉长，只有适应此类活动方式的信息获取方法才能获得更多用户的认同。直播依托网络，可以使接受信息的时间、空间不受限制。特别是无线网络技术突飞猛进地发展，可以传播高质量、高清晰度、大容量的视频信号，使处于网络覆盖区域的人们能轻松获得直播内容，极大地拓展了信息传播的空间，时空适应性更强。

【答一答】

直播所具有的互联网基因对直播的成功至关重要，如果要开设某个领域的直播，直播的哪些优势能快速聚拢目标用户？

_____

_____

（四）直播平台的规范

网络空间不是法外之地，因应互联网的蓬勃发展，中宣部牵头成立了管理网络新媒体的职能部门——国家互联网信息办公室，并出台了相关管理文件。其中《互联网直播服务管理规定》对直播平台提出了总要求，并重点规制"互联网新闻信息直播"领域，从 2016 年 12 月 1 日开始实施；明确"通过网络表演、网络视听节目等提供互联网直播服务的，还应当依法取得法律法规规定的相应资质"。

2016 年 12 月 13 日，《网络表演经营活动管理办法》（以下简称《办法》）正式公布，2017 年 1 月 1 日起施行。《办法》明确了网络表演经营活动的范围，包括现场文艺表演、网络游戏技法展示或解说，通过信息网络实时传播或以音视频形式上传的网络文化产品，即业界通常所说的"秀场类直播和游戏类直播"。此前文化部已经发布过一个规范性文件，即《关于加强网络表演管理工作的通知》（文市发〔2016〕12 号）。这两个文件相互配合，规范了网络相关经营活动的管理。

国家新闻出版广电总局 2016 月 9 月印发的《关于加强网络视听节目直播服务管理有关问题的通知》规范的是持有视听证主体的网络视听节目直播服务，重点在于文化活动、体育赛事的直播，包括了《互联网视听服务许可证》许可范围的一类五项（通过互联网对重大政治、军事、经济、社会、文化、体育等活动、事件的实况进行音视频直播）和二类七项（通过互联网对一般社会团体文化活动、体育赛事等组织活动的实况进行音视频直播）。这 4 个规范性文件对整个直播业务起着直接的指导作用。文件分别确定了其在直播领域的管辖范围。

国家互联网信息办公室负责全国互联网直播服务信息内容的监督、管理、执法工作。地方互联网信息办公室依据职责，负责本行政区域内的互联网直播服务信息内容的监督、管理、执法工作。

国务院相关管理部门依据职责对互联网直播服务实施相应监督管理。

国家广播电视总局负责网络视听节目直播服务的管理。

文化和旅游部负责全国网络表演市场的监督管理，建立统一的网络表演警示名单、黑名单等信用监管制度，制定并发布网络表演审核工作指引等标准规范，组织实施全国网络表演市场随机抽查工作，对网络表演内容合法性进行最终认定。各级文化行政部门和文化市场综合执法机构要加强对网络表演市场的事中、事后监管，重点实施执法的"双随机一公开"。

直播平台经营不同的网络直播业务，需要取得不同的行政许可资质。

第一，网站提供互联网新闻信息服务的，应当取得国家互联网信息办公室颁发的《互联网新闻信息服务许可证》，同时主播也应当同时具备这个许可，即业界所称平台和主播的"双资质"——因此，时政新闻类直播服务门槛最高，基本排除了个人主播或不具备新闻资质的机构主播擅自做时政新闻的可能。

第二，提供网络视听节目直播服务的（主要指文化活动、体育赛事），应当取得国家广播电视总局颁发的《互联网视听节目服务许可证》。

第三，提供网络表演直播服务的（主要指秀场类、游戏类直播），应当取得文化部颁发的《网络文化经营许可证》。

【答一答】

网络直播具有及时性，如果从事直播，不管是平台还是主播，都要掌握哪些法律法规才能不触红线，保证网络空间的风清气正？

_____

_____

二、直播的选题与策划

直播内容，就是在直播中计划展现给用户的一切要素，包括主播形象、语言和活动、产品的相关形象、功能，直播视听元素及界面安排，用户互动及营销方式，以及上述所有内容的出场顺序，所有工作人员的工作单等。

思考问题

（1）怎样进行直播选题策划？

（2）直播选题的策划分为哪几种？

（3）完整的策划书包括哪几部分？

（一）直播的选题

直播作为网络传播工具，在文化公益、商业广告、生活娱乐、教育教学等领域都有广泛的应用。直播的形式不管应用于哪个领域，都具有一定的共性。本项目选择商业广告类直播作为直播的内容选题策划的案例，通过对商业广告类直播的解析，讲解直播内容选题策划方法。

直播作为新兴的传播方式，从整合营销的角度来看，具有低成本、高回报、资金回笼快、资金流动性强、客户人群广的优势，尤其对于创业者来说是一个非常好的选择。在结合市场后的全新实时直播新模式，给用户带来了全新的体验。

但不管是商业性的运营还是泛娱乐的消费，直播具有的优势都必须在优质内容的支撑之下才能为广大用户所接受，所以在开设直播前首先要做好内容的选题策划。

直播内容的选题和策划，是同一过程中的两个环节。在做直播前首先需要对直播内容进行选题分析，然后才能进行直播的具体策划。

确定直播选题，主要有以下4种方法。

（1）策划与直播账号定位相关的内容

如果你是做美妆的账号，那么直播内容可以在美妆领域来找。这样寻找选题时就会更有方向，能够持续输出相关内容，提高账号的垂直度和主播的专业性。

（2）向用户寻求帮助

新手主播如果不知道策划什么主题的内容，可以在直播中直接问粉丝。例如，主播可以说："各位直播间的朋友们，下次你们想要看什么样的内容？可以在公屏上打出来，或者私信我哦！"

（3）紧跟热点

如果不知道哪些是热点选题，主播可以直接去热门评论里找，在头条、百度、微博、微信等平台里搜索，就可以得到现成的基于大数据分析反馈出的热点。只要和自己领域相关的热点，都可以借鉴，并把它形成一个有自己观点和特色的内容展示出来。

（4）根据客户直播需求

如果客户直接提供了直播的产品，或根据自己的关注选择了直播产品，主播则可以直接运用直播对象进行直播主题设定。

根据以上步骤确定直播选题，确定直播服务中需要展示的具体产品、对象后，接下来主播就要根据这个产品的特点和要达成的展示目标，进行直播内容的策划。

（二）直播的策划

直播策划就是策划直播中的基本要素：产品、主播、用户、流程等。通过分析产品或对象的特点，策划者确定直播的内容和具体执行流程，给予用户福利和连接的策略。策划内容一般包括出镜主播人设定位、直播内容，内容表现的先后顺序、时间长短，选用什么样的直播方式，给予用户什么样的福利，采用什么样的技巧引导流量，等等。从新媒体编创的角度来看，直播策划通常要从内容、界面、流程、互动这4个方面去考虑。

1. 直播内容策划

直播内容的策划在直播选题确定之后进行。

直播策划者可以从用户观看直播能有所收益的角度策划内容。

通俗地说就是从用户能够获得利益和价值的角度确定内容，即想用户所想。策划者通过观察调研用户的消费趋势，搜集相关领域的数据进行分析，如果自己具备创作和表现的能力，那么就可以用不同的表现形式创作内容，让用户在观看直播时能有所收益。这种收益可以是物质性的，也可以是精神性的。例如，人一般都有好奇心，如果直播的内容具有独特性，就一定能够吸引用户。

2. 直播界面策划

直播平台，尤其是商业广告类的直播平台，区别于其他的直播平台，它往往需要对直播内容有预告和宣传，有现场背景的布置，也即直播界面。直播界面需要经过专门的策划，展现直播中满足用户诉求的利益点，并通过文案、色彩、图片等视觉元素及其他安排，清晰准确地表达出来，呈现给目标用户，这有利于用户认知，促进直播质量的优化。

3. 直播流程策划

直播的内容策划完成以后，策划者根据直播时间和要直播的内容，把直播内容根据设计排好先后次序，设计成任务单，整个直播活动依照这个任务单依次完成，逐步推进，直到直播活动结束。

直播流程策划把直播分为直播前、直播中和直播后 3 个阶段，根据直播目的，每个阶段都有相应的重点任务，方便执行人员遵照执行。直播流程策划具体内容如图 4-1 所示。

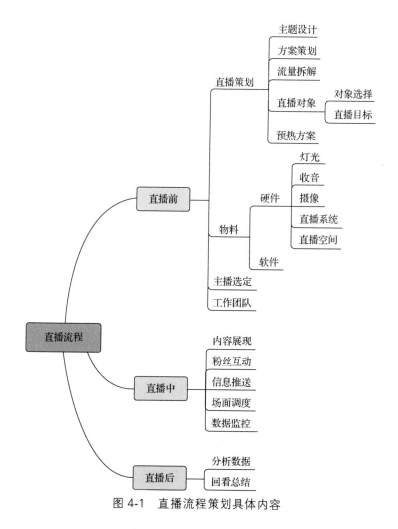

图 4-1　直播流程策划具体内容

直播流程策划就是把与直播相关的各种元素，如直播平台选择、直播间布置、直播对象确定、主播匹配、直播时间设置、互动方案安排、人员分工等，通过策划，确定好执行步骤。

4. 直播互动策划

直播互动策划就是确定互动的策略和战术。直播间主播和用户互动时，怎样提升用户的参与热情？是发福利还是展示才艺？是互动问答还是抽奖？策划者需要分析不同的互动方式可能对用户产生的影响，从而决定不同时段采用的互动方式，避免直播间冷场。直播互动策划包括以下两个方面。

直播引流方案的确定。直播引流的目的在于提升直播间人气，有更多的人进入直播间才能更好地提升转化率。例如，是在站外做直播引流，还是直接发短视频引流；是否要借助第三方平台进行引流；是否要付费引流；等等。确定直播引流方案，最大限度地提升直播间人气很重要。

直播促单话术的设计。不同类型的直播策划每一个环节、步骤时，可能有各自的侧重点，但其中最重要的是直播促单话术的策划。帮助主播设置恰当的话术，并合理运用直播话术，按照用户的反应，做出相应的预案，才能提升直播的质量。

【答一答】

只有用户热情参与和互动，直播才会取得良好的效果。那么，主播如何才能获得用户的热情参与和互动呢？

他山之石　　　　直播间主播话术

一场成功的直播离不开一个优秀的主播，那么一个优秀的主播需要具备什么条件呢？有些人觉得主播的工作很容易，只要长得漂亮就可以了，但事实并不像人们想的那么简单，主播除了要有一个良好的外形外，还需要让人产生"信赖感"。主播一定要体现出善解人意，和用户建立良好的互动关系，在合适的时间点，为了促进用户的消费活动，主播必须加以话术的提醒和引导。通常主播的台本中要体现以下几种话术。

1. 开场话术

首先是刚开播时的开场话术。主播可以参考以下礼貌话术。

欢迎××来到直播间，喜欢主播的点个关注哦！

欢迎来到直播间，点关注不迷路，一言不合"刷"礼物！

欢迎来到××直播间，主播带你"上高速"，喜欢主播的点关注哦！

欢迎来到我的直播间，主播是直播新人，希望大家能多多支持，多多捧场哦！

欢迎各位小伙伴们来到我的直播间，主播人美歌甜性格好，关注就像捡到宝，小伙伴们走过路过不要错过哦！

2．节奏话术

快速、简单、"冲销量"的商品：主播需要头脑清晰、语言明快、基本要点阐述顺畅，情绪饱满热情。

单价高、推销难度高的商品：逻辑强、深挖掘，表达起承转合；要有画面感，知识底蕴足。

节奏话术认识误区：速度快不等于节奏快，节奏快不代表语速快。

3．过渡话术

如果在直播的过程中忘词或一时语塞，那么直播间的气氛就会很尴尬，所以主播们在直播中，一定要学会找话题。通常主播可以采用以下几种话术过渡。

（1）讲述最新的新闻。

（2）讲一个小故事。

（3）做一个可爱或夸张的动作。

（4）选择播放一首歌曲。

（5）做个互动游戏，例如，猜主播哪只手有硬币，猜对了送礼物。

（6）聊聊电影、动画、小说的故事情节。

多观察和积累生活的细节，做到有东西可聊，多说一些和用户有联系的话题，不要只说自己知道和极个别人知道的东西，不然大部分人会不感兴趣而离开。

即使是过渡或应急，直播中也最好不要重复同一话题，每次直播前半小时可以先让用户点歌，每次提两三个话题，最后一个话题不要聊完，可以留一半下次再聊。

4．促单话术

直播早已具备销售的功能，经过了开场、留人、互动，最后最重要的就是促单环节，这是做带货直播的最终目的。而想要用户下单，需要让用户相信，并刺激他们下单，完成交易。直播促单时，可以参考下面这些话术。

担保型话术："我自己就在用，已经用了×支了，真的特别好用！我的同事们也都说好用，现在也准备抢一波！"

数据型话术："这款产品之前我们在××已经卖了10万套！"

超值型话术："官方旗舰店是××元一支，在我的直播间，买一支，送两支，相当于花一份的钱，买了3份，活动只有这一次，真的买到就是赚到了。"

"威胁"型话术："不用想，直接拍，只有我们这里有这样的价格，往后只会越来越贵。""今天只限在我的直播间有这个价格，站外都没有这个价格。""今天的优惠数量有限，只有200个，这个颜色就只有最后××件了，卖完就没有了！"

综上，促单有很多方法，所以话术也是多种多样的。例如，主播可以告诉用户自己用过，用"自用款"为质量做担保，获得用户信任；也可以用销量、评价、评分等数据来证明产品销量，提升用户信任度；还可以通过"威胁"告诉用户，再不买就没有优惠了，买到就是赚到等方式，来刺激用户下单。

5. 结束话术

直播结束时可参考以下话术。

感谢型话术："感谢今天直播间朋友们的陪伴，谢谢你们的关注、点赞哦！今天很开心！"

预告型话术："主播马上就要下播了，今天和大家聊得非常开心，明天 8 点我在这儿等你们，你们一定要来赴约哦！"

祝福型话术："最后给大家播放一首好听的歌，播完就下播了。感谢大家，希望大家睡个好觉，做个好梦，明天新的一天好好工作，××再聚。"

（本文转载自微信公众号抖商公社，原文作者：抖商公社，有删改）

三、直播文案的写作

直播文案指的是直播项目中涉及的所有文字方面的方案，用来指导控制预热、流程、内容等各个直播实施过程。本项目通过对公司的实际案例的分析，介绍了通常使用的直播宣发文案、直播流程脚本及主播台本三大类直播文案。

思考问题

（1）什么是直播文案？直播文案通常包括哪几大类？

（2）直播宣发文案的诉求重点是什么？

（3）直播流程脚本的主要栏目是哪些？

（4）主播台本的基本话术有哪些？

（一）直播宣发文案

直播宣发文案是用来预告、预热直播的宣传文案。一场成功的直播，前期需要对直播活动进行预热，预热的方式有多种，除了发布短视频进行预热之外，还可以通过海报、公众号文章等形式来进行直播宣传，让足够多的用户看到直播预告消息，被直播预告的内容吸引，从而进入直播间。直播宣发的类型与特征如表 4-2 所示。

表 4-2　　　　　　　　　直播宣发的类型与特征

类型	时段	内容	方式
视频预热	直播前	平台预告时间、主题、福利	短视频
直播预热	直播前	主播预告时间、主题、福利	直播预告
站外预热	直播前、直播中	矩阵预告时间、主题、福利	视频、海报
界面预热	直播中	平台界面预告时间、主题、福利	直播间海报

从表 4-2 中可以发现，在直播的宣发中，最主要的内容是时间、主题和福利，宣发的形式主要是短视频和海报。下面重点分析直播预告海报如何写作，才能吸引用户。

一个完整的直播预告海报一般是由标题、简介、封面等要素组成。其中，标题、简介都是用文案的形式来呈现的。

标题，简单地说，就是用一句话形容直播间，要让用户通过标题产生好奇，最好能形成固定的个人风格。"阅读标题的人数是阅读正文的人数的 5 倍。除非你的标题能帮助出售自己的产品，否则你就浪费了 90%的时间。"奥格威教导每一个广告人标题的重要性。在新媒体时代，直播、短视频、公众号，甚至微信朋友圈，都必须有一个好的标题。所以，在前期选题策划过程中首先要创作出具有号召力的宣发标语作为互动宣传海报（H5）、直播现场广告（POP）的文案，如图 4-2 和图 4-3 所示。

图 4-2　互动宣传海报（H5）

图 4-3　直播现场广告（POP）

接下来策划者要完成简介文案。结合新媒体的传播特性，简介必须具有常见的生活化的场景，文字言简意赅，能让用户产生共鸣。经过提炼，简介的表达公式如下。

简介=时间+目标人群+问题解决方案（结果或福利）

那么，直播宣发文案怎样写作，才能吸引人进入直播间？具体的文案内容可以从以下4个角度提炼。

1. 借势叠加热点宣传

借势主要是指借知名品牌（代言艺人）自带的气势；热点主要是指当下热门话题、热点新闻、节假日等大众普遍关注的信息，这两种优势信息都是可以借用于宣传的。借势叠加热点，可以制造知名度、提高热门话题曝光度，在流量上占尽先机，直播宣发文案被用户看到的概率就越大。如果直播时正好赶上了某个热点话题，不妨借助热点的热度做一波宣传，引导用户进入直播间。

2. 调动用户参与

在做宣传文案时，文案信息不给全，留有空格引起用户自行填空，这样能引起用户的注意，引发用户的思考进而提起兴趣，自觉进入直播间。这种信息如果做成系列的，批量而递进地制作宣发，用户的求知欲就能够被充分激发，大大提高宣传效果。

3. 点明优惠

直接在宣发文案中点明直播期间有足够吸引人的优惠，吸引目标用户进入直播间。例如，凡进入直播间的用户都有机会抽奖，奖品是 iPad、Swatch 等，足够有吸引力。用户如果被奖品诱惑，就会进入直播间。

4. 列出直播产品清单

如果是带货直播，并且产品有足够的影响力，可以在直播的宣传推文里，列出直播产品清单。如果用户对产品感兴趣，就会进入直播间。

所有直播活动的开展要想取得预期的效果，前期相关的宣传预热工作一定要充分。根据主播影响力和平台的规则，选择宣发方式、时机和频率，使直播信息在预热期间，尽可能多的传递给目标群体。

【答一答】

直播的宣发文案能够容纳的文字很少，那么文案的重点应当放在哪方面才能吸引用户进入直播间？

_____

_____

他山之石　　　淘宝直播的预告封面与购物袋

预告封面是直播的重中之重，因为用户正常的反应是先看封面，再看标题，最后去看简介，所以封面的设计需要非常吸睛。封面有很多规则，淘宝直播频道的封面不能出现任何文字及拼接图、边框图，淘宝网首页的预告视频除了上面的要求，品牌 Logo（标志）也不可以出现，背景墙不能有文字，不能出现大面积黑图。

关于商品，发布预告时是可以一起发布购物袋里的商品的，且预告时的商品越多，越能匹配到更多精准用户。

关于发布及审核时间，淘宝网平台需提前一天发布，不能晚于直播前一天的 16 点，发布后会有专职人员进行审核。需要注意的是，他们只审核第二天的直播预告，审核后用户可以在中控台查询结果，如果审核没有通过，可以再次发起。

（二）直播流程脚本

流程脚本是指以文字的形式呈现的框架底本，目的是让直播朝着预想的方向有序进行。直播流程脚本是整场直播的框架，用来确定整场直播进行的顺序。直播流程脚本就是以整场直播为单位，规划直播时间安排，确定直播流程和内容，规范直播节奏，以吸引用户的注意力，提升现场转化率。直播流程脚本的具体形式如表 4-3 所示。

表 4-3　　　　　　　　　　　　　　直播流程脚本

直播人员	活动机制	直播时间	抽奖内容	直播主题	直播内容及目标
苏州广播电视总台主持人熙雯、主播怡宝	299 元　500 份/320 元　1000 份	7 月 11 日10:00—12:00共 2 小时	U 盘、电影票、抱枕等	苏州惠民休闲年卡 B 套餐	主持人旅游景点打卡、推荐景点，抽奖互动，促进苏州市民休闲年卡 B 套餐转化

时间	环节	主要内容	主推品	奖品	脚本内容	出镜人员
10:00—10:05	开场	打招呼				熙雯、怡宝
10:06—10:09	抽奖			1. 周庄 U 盘5 个		怡宝
10:10—10:13	介绍购买方法	介绍苏州惠民休闲年卡B 套餐	苏州惠民休闲年卡B 套餐	2. 前 50 名各赠送江苏一卡通一张	播放苏州惠民卡视频	熙雯、怡宝
10:14—10:23	介绍华谊兄弟电影世界	介绍游乐园，播放视频				熙雯、怡宝
10:24—10:27	抽奖			3. 华谊兄弟电影世界门票 5 张		怡宝
10:28—10:33	介绍购买方法	介绍 B 套餐与A 套餐的区别				熙雯、怡宝

时间	环节	主要内容	主推品	奖品	脚本内容	出镜人员
10:33—10:35	抽奖			4. 华谊兄弟电影世界门票5张		熙雯、怡宝
10:36—10:40	介绍重元寺	介绍重元寺，播放视频				熙雯、怡宝
10:41—10:43	抽奖			5. 大闸蟹抱枕5个		怡宝
10:44—10:50	介绍阳澄湖半岛骑行，送骑行券不限量			6. 送骑行券不限量		熙雯、怡宝
10:51—10:54	介绍购买方式	介绍苏州惠民休闲年卡B套餐				怡宝
10:55—11:00	介绍奕欧来，奕欧来餐券抽奖			7. 奕欧来50元餐券20张		熙雯、怡宝
11:01—11:05	介绍周庄	播放视频				熙雯、怡宝
10:57—11:05	抽奖			8. 周庄古镇U盘5个		怡宝
11:06—11:18	介绍同里等其他古镇					熙雯、怡宝
11:09—11:22	抽奖			9. 周庄古镇U盘10个		怡宝
11:19—11:22	介绍购买方式					怡宝
11:23—11:30	介绍温泉					熙雯、怡宝
11:31—11:35	抽奖			10. 苏州博物馆夜光莲花碗书签10个		怡宝
11:36—11:46	介绍夜经济，引出盘门夜景，介绍夜游盘门					熙雯、怡宝
11:47—11:52	抽奖			11. 阳澄湖半岛亲子自然年卡2张		怡宝
11:53—11:55	介绍购买方式					熙雯、怡宝
11:56—12:00	收尾					熙雯、怡宝

1.　直播脚本的 4 个要素

在了解直播脚本怎么写之前，先要明确直播脚本必须体现的 4 个要素。

（1）直播主题

明确直播主题就是策划者要弄清楚本场直播的目的是回馈用户、上市新品，还是大型促销活动。明确直播主题的目的就是让用户明白自己在这场直播里能看到什么，获得什么，提前引发用户兴趣。

（2）直播节奏和流程

一份合格的直播脚本都是具体到分钟的。晚上 8 点开播，前 10 分钟梳理当期产品预告，最后 10 分钟预告下期内容，一款产品介绍多久，口播和展示分别占几分钟，都要一一细化。

（3）直播调度分工

直播调度分工包括直播参与人员的分工，如主播负责引导用户、介绍产品、解释活动规则；助理负责现场互动、回复问题、发送优惠信息等；后台客服负责修改产品价格、与用户沟通、转化订单等。

（4）直播预算

脚本中要控制直播预算，即控制单场直播的成本。一些中小商家可能预算有限，因此脚本中可以提前设计好能承受的优惠券面额或秒杀活动、赠品支出等，控制好直播预算。

2.　直播脚本的具体内容

（1）设定今日直播目标

直播目标是衡量一场直播效益最直观的考核标准，分析设定目标的完成情况有助于下播后的复盘工作。例如，今天销售目标 10 万元，"涨粉"目标 800 人，观看量 5 万次等。设定目标还有一个好处就是能够提升主播的自信心，当主播每天都能完成既定的目标后，自信心会得到很大的提升，从而勇敢地去挑战更大的目标。注意：直播目标的设定，一定是建立在前期数据的基础之上，再结合实际情况来确定的；目标一定要是通过一定程度的努力就能达到的，长期无法达到目标会让主播失去信心。

（2）确定直播人员

直播人员是执行直播脚本的核心，一般由主播、助理、场控和客服组成。大公司会有很多主播，每个主播有不同的人设，一般需要设计不同的脚本，所以脚本上填写直播人员是有必要的。

（3）确定直播时间

直播时间非常重要，它是直播间和用户的约定，不履行或随意变动都会影响用户对直播间的印象。每天的开播时间、开播时长，定好后不要经常更换，用户看两三场直播后就会开始形成习惯，到时间了会自觉来到直播间。频繁更换开播时间会造成粉丝黏性不高、"掉粉"等情况。

（4）设计直播主题

每一场直播都有一个核心主题，如商品降价，直播中就要为今天的降价找一个充分的理由，理由越充分、越有说服力，转化就会越好。策划脚本时可以借助节假日，如元旦、五一、国庆等，也可以借助官方大促、换季上新、换季清仓或购物狂欢节等作为主题。

（5）设计直播间互动活动

互动活动是指针对用户的福利活动，如抽现金红包、送大额优惠券、抽免单、送其他各种各样的小礼品等，脚本中要明确这些活动的内容和具体时间。

（6）准备工作

准备工作是整个直播脚本里最为细致的一个部分，其内容信息量最大，包括直播间样品陈列顺序，产品卖点，销售话术，针对部分产品的现场测试道具等。

3. 直播脚本的撰写技巧

撰写直播脚本时，可以从以下几个方面去考虑。

（1）直播时间

直播时间如何选择？

新开直播的商家最好不要在热门时间段开直播，因为热门时间段已经被很多头部商家占领，新开直播的商家很难再去竞争出自己的领地。对于新主播来说，冷门时间段可能会辛苦一些，但是只要积累了精准的粉丝，就可以再根据流量的稳定程度来选择直播的时间段。

（2）产品搭配+卖点提炼

① 直播卖什么产品？

为了提升直播效果，通常直播的时长至少两个小时。因此，直播前需要准备足够的产品。产品大致分为三大类：主要推荐的产品，即"爆款"产品，需要详细介绍，并且穿插在整个直播过程中；可以补充的产品，主播可以准备搭配产品进行关联推荐；送福利产品，在直播间人气不高或销量不高时，用这种产品做活动、送福利、抽奖等带动直播节奏。

② 如何提炼产品卖点？

只有充分理解产品及其使用场景，才能挖掘出用户痛点，刺激用户需求。需求痛点包括价格、颜色、款式、大小、轻便程度、品牌、材质、档次、防水性、安全性、容量、功能、发货时间、店铺评分、客户服务等。

提炼产品卖点时可以从以下 7 个方面着手。

- 从产品特点着手。
- 从产品的生产厂家着手。
- 从产品类别溯源寻找差异化。
- 从竞品方向着手。
- 从给用户带来的利益，解决的痛点着手。
- 从产品使用者的使用感受着手。
- 从产品评论、小红书、百度、知乎着手。

在进行产品卖点介绍时，脚本中要规划好每个产品的直播话术，包括欢迎、关注、问答、追单话术，帮助主播进行销售转化。

（3）直播分工

直播时要调度直播分工，确定直播人员、场地、道具。所以，要制定一份清晰的、详细、可执行的直播脚本（Plan A），并且还要有一套应对各种突发状况的方案（Plan B），这是一场直播顺畅并取得效果的有力保障。

值得策划者注意的是，脚本不是一成不变的，需要不断优化。一场直播在按脚本执行时，其他人员可以分时段记录下各种数据和问题，结束后进行复盘分析，对不同时间段里的优点和缺点进行优化和改进，不断地调整脚本。经过这样的总结优化，心中自然就会对不同情况下应该使用什么策略和方法，对直播流程脚本的应用更加得心应手。

总而言之，直播流程脚本是为直播的效率和结果服务的，其作用在于梳理直播流程、管理主播话术、管理货品分类、管理福利机制、提升转化效果，其重点就是提前统筹安排好每一个人，以及每一步要做的事情。

【答一答】

直播流程中，除了要根据直播的脚本执行各个环节外，为了保障整场直播的流畅和效果，还应该做好哪些工作？

_____

_____

（三）主播台本

1. 主播台本的概念

台本，最初指专供各种舞台演出使用的剧本，也称为台词脚本，就是把演出中所有预定说的话写出来，后面附上备注，如灯光效果的变化、背景音乐的起或落等。而在直播中，把主播在直播过程中所有需要使用的台词写出来，同时标注主播在直播中的一些注意点，如内容重点、话术运用等内容的文本就称为主播台本。主播台本使用特定的描述性语言。

⇄ 方向实例　　　　　　　　　**主播台本**

【两人热情地打招呼】

【一起】：大家好，欢迎来到苏州惠民休闲年卡 B 套餐直播现场。

【熙雯】：我是苏州广播电视总台主持人熙雯。

【怡宝】：我是带货主播怡宝。

【一起】：我们是今天的苏州惠民休闲年卡的旅游打卡体验官。

【熙雯】：怡宝，你之前来过苏州吗？

【怡宝】：来过几次，苏州真的是一个值得游玩的城市。

【熙雯】：那怡宝和直播间的各位粉丝，你们都知道苏州有哪些值得打卡和游玩的景点呢？直播间的可以弹幕刷起来哦。

【怡宝】：我之前看电视剧《下一站是幸福》有在苏州的金鸡湖取景，确实是典型的江南水乡古镇呢！

【熙雯】：我也看过哦！不过苏州有很多景色，除了同里古镇，还有甪直古镇、周庄古镇……太多太多了（发散性介绍）。

【怡宝】：哇，直播间的粉丝们刷了好多地方啊，我们来看一下。（弹幕互动：华谊兄弟电影世界、阳澄湖半岛、穹窿山、石公山、白马涧、平江路、拙政园等）。

【熙雯】：看来大家对苏州可以打卡旅游的地方都很熟悉啊，这些都是我熟悉的景点呢！

【怡宝】：熙雯，听说你是苏州人，这也难怪你很熟悉啊。苏州女生，吴侬软语，我一直想学说苏州话，今天找到老师啦！快教我说几句苏州话吧。

【熙雯】：是呀（苏州话几句……）！

【怡宝】：（学熙雯说苏州话）哇，真是有点难呢熙雯，你说一句苏州话，直播间的粉丝来猜一下这句话是什么，然后我们马上开启第一轮的抽奖了哦！

主播台本的目的是使直播过程和内容标准化，保证直播能够按照既定的方向有序进行，是直播脚本中一个重要的组成部分，单品解说脚本会提炼产品卖点、展示特点、突出优点、强调用户利益点，并通过现场实验佐证主播讲述的内容是正确而有效的。单品解说脚本是主播台本中的主体部分。写好主播台本可以使整个直播过程的收益最大化。

2. 主播台本的写作

主播台本包含很多元素，如直播主题、产品顺序，如何解释自己的产品，什么时候给用户推荐等都是台本要包括的内容。下面列出了简单的台本大纲，便于策划者学习参考。

（1）直播主题。简单的台本肯定需要确定主题。例如，这次现场直播是与××商家合作，重点放在商家产品主题上加以发挥。

（2）确定时间。一场直播的对象是直播间的粉丝和直播间的新用户，要做好直播间的用户画像，确定直播间的开播时间。用户活跃的时间就是整场直播开始的时间。

（3）设定预算和游戏玩法。要设定预算和游戏玩法，主要是因为有一些中小型商家的预算有限，需要控制单场直播的成本，如可以承受多少面额的优惠券、可以负担得起多少礼物等，这些必须预先设定。预先设定预算后，才可以进一步确定抽奖方式或使用的工具，来分配用户在这场直播中的权益。

（4）直播节奏。现场节奏其实是整场直播中非常重要的一点，也就是要确定每一个时间段的直播内容。例如，一场直播刚开始前两分钟是主播和用户打招呼，问好，然后主播开始按顺序讲解产品，中间可以安排如每小时抽奖等环节。所有这些环节在主播台本中都必须做出细致安排。

【答一答】

从事直播行业，要掌握哪些法律法规才能不触红线，保证网络空间的风清气正？

_____

_____

自我检测

一、单选题

1. 广电意义上的直播缺乏的是（　　　）。

    A. 单向性　　　　B. 及时性　　　　C. 针对性　　　　D. 互动性。

2. 在直播预报中，不属于主要内容组成部分的是（　　　）。

    A. 时间　　　　　B. 主题　　　　　C. 福利　　　　　D. 广告

3. 开展直播策划时，通常不需要考虑的因素是（　　　）。

    A. 内容　　　　　B. 流程　　　　　C. 软件　　　　　D. 互动

4. 通过对（　　　）等视觉元素的安排，清晰准确地表达直播预告，并呈现给目标用户，有利于用户认知，促进直播效果最优化。

    A. 文案　　　　　B. 色彩　　　　　C. 图片　　　　　D. 视频

5. 制定一份清晰的、详细的、可执行的直播脚本可以帮助直播时的（　　　）。

    A. 人员安排　　　B. 场地安排　　　C. 时间安排　　　D. 直播调度分工

二、多选题

1. 从内容上分，直播的种类有哪几种？（　　　）

    A. 传统秀场直播　B. 游戏直播　　　C. 泛娱乐直播　　D. 垂直电商直播

2. 网络直播的主要特点有（　　　）。

    A. 真实　　　　　B. 及时　　　　　C. 便利　　　　　D. 互动

3. 整场直播流程脚本就是以整场直播为单位，规划直播的（　　　），吸引用户的注意力。

    A. 时间内容　　　B. 流程规范　　　C. 直播节奏　　　D. 提升现场转化率

4. 只要把多个单一产品说明台本的两个要点说明到位，就可以完成整个直播台本的写作。这两个要点指：（　　　）。

    A. 福袋准备　　　B. 粉丝的互动　　C. 产品卖点　　　D. 场控投流

5. 直播活动中涉及的主播、嘉宾、直播对象应当（　　　）。

    A. 守法爱国、无违法犯罪行为

    B. 具有良好的公众口碑和社会形象，无丑闻劣迹

    C. 不得有违背公序良俗的着装、发型、语言、动作

    D. 不得以低俗或不宜面向公众公开讨论的内容制造话题

6. 直播内容策划需要解决的问题有（　　　），确定直播引流方案，直播选品策划，直播促单话术策划等。

    A. 确定直播时间和时长　　　　　　B. 确定直播内容

    C. 确定互动方式　　　　　　　　　D. 确定直播间背景和前景设置

三、名词解释

1. 直播

2. 推流

3. 场景

4. 脚本

四、简答题

1. 表 4-4 中不同类别的直播平台和用户各有哪些特点？

表 4-4   直播平台及用户特点

直播平台	类别	平台特点	用户特点
YY	秀场		
斗鱼	游戏		
虎牙	游戏		
花椒	泛娱乐		
映客	泛娱乐		
淘宝直播	垂直电商		

2. 直播的优势是什么？

3. 直播台本包含哪些内容？

4. 直播的基本流程有哪些环节？

5. 直播台本有哪些作用？

6. 直播引流的方法有哪些？

五、论述题

什么是主播？主播有什么作用？

六、综合题

试举你常用的 3 个直播平台，简述不同直播平台的操作特点。

项目实施

一、项目导入

项目背景：苏州惠民休闲年卡分两个套餐，A套餐和B套餐。其中A套餐价格200元，包含苏州本地86个主要旅游景点，首次实现了对苏州市的区域全覆盖，包含穹窿山、同里古镇、陆巷古村、启园、虞山、尚湖、沙家浜、盘门、寒山寺、阳山温泉等国家星级旅游景区，以及四季悦温泉，张家港金凤凰温泉、古运河游船（胥门码头），门票总价5333元。折算下来每天花不到1元。

B套餐是A套餐的升级版，在A套餐所有景区的基础上，再增加苏州唯一的国家级旅游度假区——阳澄湖半岛度假区内华谊兄弟电影世界、重元寺、音昱水中天、阳澄湖半岛环湖骑行、半岛观光车、半岛定向和半岛航模7个游玩项目。B套餐价格330元，相当于在A套餐加130元，就可以玩票价218元的电影世界（一次）、阳澄湖骑行、乘免费观光车、游览重元寺等，非常实惠。本次直播项目就是针对B套餐进行推广。

本项目为推广某旅游度假区售卖的苏州惠民休闲年卡B套餐产品，同时宣传阳澄湖旅游度假区。基于此，经过前期沟通，得出如下双人微访谈直播创意简报（Brief）。

> **苏州惠民休闲年卡B套餐及阳澄湖半岛旅游度假区宣传创意简报**
> 产品：苏州惠民休闲年卡B套餐、阳澄湖半岛旅游度假区
> 诉求对象：苏州市民
> 诉求点：B套餐包含景点众多，在A套餐的基础上，再增加苏州唯一的国家级旅游度假区——阳澄湖半岛度假区内的7个游玩项目，价格便宜。
> 推广任务：直播推广苏州惠民休闲卡B套餐，同时推荐阳澄湖半岛旅游度假区。
> 推广目标：销售A套餐500个，B套餐1000个
> 直播形式：双人微访谈
> 主播：苏州广播电视总台主持人熙雯、主播怡宝
> 直播平台：半岛直播微信公众号
> 直播时间：2020年7月11日
> 直播时长：120分钟

二、实施目标

本项目是为了让项目参与者熟悉一场直播的整个流程，同时通过直播内容选题策划、直播文案撰写的训练，参与者能够掌握直播内容选题策划、文案撰写的基本方法和技能，以及直播内容编辑发布的技能。

三、实施步骤

首先完成知识准备部分内容的自学，了解直播的发展历史和现状，熟悉目前直播的类型及特点，掌握直播平台的规范及直播编创的基本知识。

课中将要求掌握核心的编创技能——直播选题策划、直播文案写作，以任务驱动的方式，按照直播的工作流程依次进行训练。

实战训练采用线上和线下混合的方式，学生以小组为单位协同合作，运用新媒体制作工具或平台辅助软件，共同完成直播文案的写作。

每项任务都要求学生以思维导图和表格的方式呈现，小组成员集思广益，互相评价，共同完成学习任务。

四、任务分析

接受直播的任务之后，编创者首先要仔细研读创意简报，根据现有条件，解决目标任务需要设计的具体环节，确定每个环节的策划关键点及相应文案的侧重点。在分析直播的目的、针对的人群、直播要素和主要流程之后，确定直播前的宣发文案，制定一份清晰、详细、可执行的直播流程脚本，写作一份细致入微、包含全流程的主播台本，用来控制直播视听元素的面貌，保障直播有序进行。

直播编创简要流程如图4-4所示，根据创意简报的目标和内容，逐个分析项目任务，在考虑编辑与发布平台要求的基础上，细化直播编创的任务。

编创者要充分思考直播前宣发文案的主题，直播中的流程步骤、主题内容、注意事项和话术技巧。这样一方面方便直播的筹备工作，促进直播间参与人员的默契配合，使整个直播有条不紊；另一方面帮助主播把控直播的节奏，规范直播流程，以达到预期的目标。本项目就是要结合苏州方向文化传媒股份有限公司的直播实战项目——"熙游记——惠民休闲年卡超值特卖"，让读者学习直播前的宣发文案、直播中的流程脚本和主播台本的知识及写作方法。

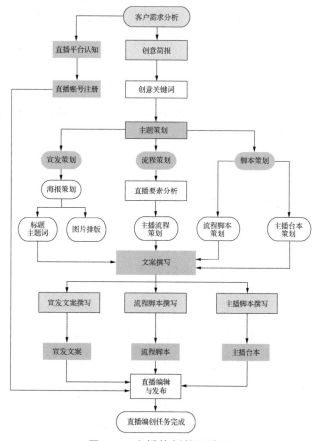

图 4-4　直播编创简要流程

 他山之石　　　　**创意简报的常见用词**

创意简报（Brief），也叫工作简报。在广告公司中，首先由客户告知广告公司客户部的人员，情况清楚告知之后，客户部人员根据客户的要求，整理清楚思路，写成创意简报，作为大家都能看到的工作单。

创意简报中的常见用词如下。

1. 诉求对象

诉求对象是创意工作的传播对象。创意简报上的具体阐述要清楚，例如，针对的客户群体是谁？他们的收入如何？他们的兴趣爱好是什么？在这一方面，客户部人员有时会把客户的具体内在消费洞察（Insight）呈现在创意简报中，这对创意发散也是非常有用的。

2. 诉求点

诉求点的意思就是面对诉求对象具体要说些什么？这个"诉求点"很关键。

3. 工作任务

搞清楚了对谁说，说什么之后，就要看用什么形式说了，这就是"工作任务"，是创作海报，还是做条广告影片？还是为网站做条动画？

4. 时间安排

什么时候必须完成？在广告公司，就是什么时候给客户提案。是过一个星期还是过两天？如果自己不了解清楚，那可能就会错过最后时间（Deadline）。记住，时间主宰一切，创意一定要快、准、狠！

以上 4 个创意简报常见用词了解清楚之后，就可以开始发挥创意，进行形象力的自由驰骋了。如果有任何一点没明白，就需要找客户部沟通清楚。

任务一　直播平台认知　↓

子任务 1

（一）任务描述

认知直播平台。借助网络查找相关直播平台，并分析其优劣势，完成对直播平台的认知。

（二）方法步骤

第一步：学生以小组为单位，利用网络进行搜索与查看，确定当前直播业内 4 家主流的平台。

第二步：对搜集到的主流直播平台进行 SWOT 分析。针对劣势，提出优化建议，并将结果填入表 4-5。

表 4-5　　　　　　　　　　　　直播平台 SWOT 分析

直播平台	优势	劣势	优化建议

第三步：针对不同直播平台的销售市场、2020 年用户规模，分析直播平台的用户消费

特点，并将结果填入表 4-6。

表 4-6　　　　　　　　　　直播平台市场及用户情况分析

直播平台	平台销售市场	2020 年用户规模	用户消费特点

（三）实战训练

如果打算运营一个文创类的产品，请你确定一个直播平台，并说明理由。

（四）评价总结

小组内同学根据学习情况进行讨论和评议，再由教师或企业导师点评总结。

子任务 2

（一）任务描述

注册手机端的直播账号。选择手机端直播平台，根据自己的规划和定位，注册一个手机端的直播账号。

（二）方法步骤

第一步：进入百家号官网，点击"注册"，注册一个新的百度账号，填写用户名、密码、手机号码，手机验证填写短信验证码即可。

第二步：注册好百度账户后，进行账户类型的选择，有个人、企业、媒体、政府机构、组织机构，根据自己的需求选择。

第三步：无论哪种类型的账户，都必须填写账户信息，包括账户类型、名称、介绍等。运营者身份信息部分需要填写个人身份证、手机、邮箱等信息，上传手持身份证的照片，根据示意图拍摄上传，图片大小不超过 5M，审查总次数为 5 次，所以请按照提示认真填写资料。

第四步：企业、媒体、组织机构类型，需要再提供该单位名称（与营业执照一致，确认后不可修改）、营业执照注册号，上传加盖公章的营业执照复印件。页面中带星号的为必填项，其他可以选填。政府类型需要填写政府名称，上传加盖政府部门公章的确认公函。

填写资料的过程中，请仔细填写。填写完成后，接下来就是等待审核结果。通过即可。

（三）实战训练

学生根据自己的设计和选题，准备直播号的规划和定位，进行相应材料的准备，如证件、账号名称、账号描述等相关信息，然后登录百家进行注册。

（四）评价总结

小组内同学根据注册情况进行讨论和评议，再由教师或企业导师点评总结。

子任务 3

（一）任务描述

注册计算机端的直播账号。在计算机端直播平台，根据自己的规划和定位，注册一个计算机端的直播账号。

（二）方法步骤

第一步：搜索进入"百家号"官方网站。

第二步：在打开的百家号登录界面（见图 4-5），填写个人信息，包括账号头像、账号名称、签名、从事发表何文章的领域、所在地。

图 4-5　百家号登录界面

第三步：填写个人运营信息，输入真实姓名、身份证，上传身份证正反两面（提醒：身份证需满 18 周岁，如果非成年人则需要监护人的身份证信息）。注册成功后不可发布非法内容。

（三）实战训练

学生根据自己的设计和选题，准备直播账号的规划和定位，进行相应材料的准备，如证件资料，账号名称、账号描述等相关信息，然后登录百家号进行注册。

（四）评价总结

小组内同学根据注册情况进行讨论评议（见表 4-7），再由教师或企业导师点评总结。

表 4-7　　　　　　　　　　　学生互评

知识目标	评价	技能目标	评价	素质目标	评价
直播	A B C D E	直播市场分析	A B C D E	树立创新意识和创新精神	A B C D E
直播平台	A B C D E	直播账号注册	A B C D E	掌握理论和实践相结合的学习方法	A B C D E
直播市场	A B C D E			能够和团队成员协作，共同完成项目和任务	A B C D E

任务二　直播流程策划　↓

（一）任务描述

根据已有创意简报策划直播主题，根据直播主题策划宣发内容；分析直播要素，策划直播流程，根据直播流程策划流程脚本；根据直播流程策划主播台本。

（二）方法步骤

第一步：分析直播要素，明晰本直播项目的主题、目的和要求。根据主题分解策划模块，在同一目标下分别策划不同的模块。

第二步：宣发策划，通过头脑风暴，筛选确定主题创意关键词。这是确定直播风格的关键步骤。

第三步：直播流程策划，根据直播主题，将直播流程按照时间段切分成不同的时长，每个时间段内根据所需的直播要素安排适当的模块，直到整个流程完成。

第四步：主播台本策划，整个直播流程中，主播的活动贯穿始终。主播的行为在直播流程策划中已经明晰，主播的台本则在此策划中体现。主播台本根据流程策划中直播进程编写，通盘考虑开播收播术语、产品介绍、环节专场链接、用户互动、下一场直播预告等模块，逐一编写相应文案，适合主播风格和直播情境。

直播流程策划需要把握以下原则：以用户为中心；坚持内容垂直；注重价值输出和目标实现；互动性强；紧扣主题；规避敏感词。

（三）实战训练

根据直播创意简报，完成"熙游记——惠民休闲年卡超值特卖"直播活动的直播策划案。

（四）评价总结

小组内同学根据写作情况进行讨论和评议（见表 4-8），再由教师或企业导师点评总结。

表 4-8　　　　　　　　　　　　学生互评

知识目标	评价	技能目标	评价	素质目标	评价
直播创意简报	A B C D E	直播策划案写作	A B C D E	树立创新意识和创新精神	A B C D E
直播流程策划	A B C D E	直播流程策划	A B C D E	掌握理论和实践相结合的学习方法	A B C D E
主播台本策划	A B C D E	主播台本策划	A B C D E	能够和团队成员协作，共同完成项目和任务	A B C D E

任务三　直播文案写作 ↓

子任务 1

（一）任务描述

撰写宣发文案。直播文案包括宣发文案、流程脚本和主播台本三种类型。本任务主要要求学生撰写宣发文案。

（二）方法步骤

第一步：通过关键词，明确宣发文案的主题。

第二步：根据主题进行标题提炼，同时写出主要的宣发文案，如口号标语、标题、台词金句等。

第三步：通过对直播主题、内容、诉求点、诉求对象、主播、直播时间等直播信息的设计，形成宣发文案，用于海报制作。

（三）实战训练

利用直播界面文案的写作知识，撰写 5 个"熙游记"宣传海报的标题。

（标题要体现新媒体受众的接受习惯，下面的几种模板仅供参考，必须组合使用并说明理由）

1. ＿＿＿的最好/实用小工具
2. 那些意想不到的＿＿＿（如：简约耳钉）
3. ＿＿＿全攻略
4. ＿＿＿的 10 个方法
5. 百/千元＿＿＿好物
6. 5/10/20 分钟＿＿＿攻略
7. ＿＿＿生活方式
8. 如何在 10 秒/5 分钟之内＿＿＿
9. 21 种＿＿＿（画眉/阴影等）小技巧
10. 带你发现最＿＿＿＿的＿＿＿
11. 计划一次完美的＿＿＿
12. 关于 10/20 款＿＿＿（粉底/口红）的评测
13. 关于＿＿＿该做和不该做的
14. 关于＿＿＿的事学生应该知道
15. 如何计划最优的＿＿＿
16. 像＿＿＿一样＿＿＿
17. ＿＿＿＿没有你想象得那么复杂
18. 变身＿＿女生　你该入手＿＿＿

19. 关于___这件事，其实____

20. ____这件事你做对了吗？

21. 一件____，让你的衣橱变"聪明"

22. 春夏新款/秋冬潮流，就看____

23. 试试××也爱用/穿的____

（四）评价总结

小组内同学根据练习完成情况进行讨论和评议，再由教师或企业导师点评总结。

他山之石　在文字中使用正反对比来呈现品牌广告

××冰箱：今年夏天最冷的热门新闻

××照相机：瞬间的永恒

一汽大众：简繁自有文章

佳能打印机：使不可能成为可能

根据黏性理论，"令人惊讶"只是吸引目光的第一步，"感兴趣的事"和"对他有价值"才能留住消费者，并使其采取下一步行动，如进入你的直播间，进入公众号看完你的文章，等等。

首先要强调的是，标语不是孤立存在的，更不是漂亮的文字游戏。标语是广告的一部分，它应该在完善的广告策略指导下，和整个广告创意一同产生。那些优秀的标语在现在看来可以独立存在、单独使用，但它当初是经过大规模的广告传播运动以及和它优质的产品一同被消费者接受并喜爱的。如果没有这些，它单独是立不住的，甚至人们听到以后毫无感觉。

"独特的销售主张"（USP）是广告发展历史上最早提出的一个具有广泛深远影响的广告创意理论，它的意思是说，一个广告中必须包含一个向消费者提出的销售主张，这个主张要具备 3 个要点：一是利益，强调产品有哪些具体的特殊功效和能给消费者提供哪些实际利益；二是独特，这是竞争对手无法提出或没有提出的；三是强而有力，要做到卖点集中，是消费者很关注的。这种标准藏在消费者心里，我们称它为"黄金标准"。黄金标准是消费者想要的最理想的东西，它是事实上的产品永远也达不到的，谁占据了它，谁就成了具有黄金标准的品牌。

20 世纪 70 年代早期，赖兹和屈特提出了另一个重要的营销理论，这就是定位。这个理论说，在消费者的脑海里，各品牌是分类归档的，像一个个抽屉。消费者一旦要解决特定问题或要满足特定的需求时，就会直接想到位于脑海里某个"位置"的品牌。营销人员的任务是在消费者脑海中为品牌建立一个明确的位置，要使消费者认识到，我们的商品与竞争者有所不同。如果消费者脑海中这个概念建立起来了，那么就是进行了成功的定位，就会有好的收获，这是竞争导向时代颇具威力的营销理论。

人类的语言非常强大，广告更是缺少不了广告语的画龙点睛。这里提醒大家，想要做好广告设计并不难，难的是你该怎样用语言更好地展现广告的独特之处。

子任务 2

（一）任务描述

撰写直播流程脚本。根据直播实施过程中的各项要素，确定直播实施各个环节的方案，指导整场直播的开展，控制整场直播的流程。

（二）方法步骤

第一步：确定直播的流程项目和流程内容。将产品整理、活动穿插、控场衔接等直播模块按顺序排列。

第二步：明确主播、助理、场控、客服等直播人员；细化销售目标、"涨粉"目标、流量目标等直播目标。

第三步：明确直播的开始时间、结束时间、直播时长、直播频次等；确定用户福利发放、有奖问答、整点抽奖等直播互动活动。

（三）实战训练

根据直播流程进行流程脚本的写作练习，完成阳澄湖半岛度假区的直播流程脚本。

企业案例

项目直播主要流程（预计 120 分钟）

开场（0—10 分钟）

主持人与主播开场白，介绍本场直播的主要内容，以及在直播活动中将会推出的产品信息，并观看休闲年卡介绍视频，引导用户关注。

【接下来的每部分以 20 分钟为单位，每部分推荐一类景点（介绍+宣传视频）+推荐景点周边产品+送礼，共 5 部分。】

第一部分（11—31 分钟）

阳澄湖半岛自有类景点——华谊兄弟电影世界/阳澄湖半岛骑行

阳澄湖相关旅游、文创产品

送礼环节

第二部分（32—52 分钟）

古镇类景点——同里古镇/甪直古镇/周庄古镇

送礼环节

第三部分（53—73 分钟）

温泉类景点——山湖温泉/阳山温泉/四季恒温水乐园/金凤凰温泉

寺庙类景点——寒山寺/重元寺/穹窿山/罗汉寺

送礼环节

第四部分（74—94 分钟）

夜游类景点（姑苏八点半）——苏州古运河游船/盘门夜游/退思园夜游

夜游美食类产品

送礼环节

> **第五部分（95—115分钟）**
> 长三角类景点——无锡影都/常州/中华孝道园/宁波梁皇山/盐城荷兰花海
> 送礼环节
> **结束语（116—120分钟）**
> 主持人与主播结合本场直播中推荐的景点与本场售卖的产品，做总结回顾
> 感谢与告别

（四）评价总结

小组内同学根据写作情况进行讨论和评议，再由教师或企业导师点评总结。

子任务3

（一）任务描述

撰写主播台本。根据直播内容，设计并撰写主播在直播间的语言脚本。直播台本的通用模式是时间+主题+话术。

（二）方法步骤

第一步：策划开场主播台本内容及话术。
第二步：撰写单品、多品解说的相关内容。
第三步：主播台本节奏策划、主播台本促销内容策划、主播台本收播内容策划等。

（三）实战训练

撰写阳澄湖半岛度假区华谊兄弟电影世界部分单品直播的主播台本，注明话术应用场景。

（四）评价总结

小组内同学根据写作情况进行讨论和评议（见表4-9），再由教师或企业导师点评总结。

表4-9　　　　　　　　　　　学生互评表

知识目标	评价	技能目标	评价	素质目标	评价
直播宣发文案	A B C D E	直播宣发脚本撰写	A B C D E	树立创新意识和创新精神	A B C D E
直播流程脚本	A B C D E	直播流程脚本撰写	A B C D E	掌握理论和实践相结合的学习方法	A B C D E
直播台本	A B C D E	直播台本撰写	A B C D E	能够和团队成员协作，共同完成项目和任务	A B C D E

项目实施评价

一、学生自评表

自评技能点	佐证	达标	未达标
直播的概念	了解直播的概念		
直播平台分类与特点	熟悉直播平台分类与特点		
直播的传播优势	掌握直播的传播优势		
直播的策划制作流程	掌握直播的策划制作流程		
直播表现形式	熟悉直播的表现形式		
直播选题策划	能够根据要求进行内容选题策划		
直播内容策划	能够撰写直播内容策划提纲		
直播流程脚本写作	能够撰写直播流程脚本		
直播宣发文案写作	能够按照传播需求撰写直播标题、简介和封面		
主播台本写作	能够撰写主播台本		
自评素质点	**佐证**	**达标**	**未达标**
创新意识、创新精神	能够树立创新意识和创新精神		
理论实践相结合的学习方法	能够掌握理论和实践相结合的学习方法		
团队协作能力	能够和团队成员协作，共同完成项目和任务		

二、教师评价表

技能点	佐证	达标	未达标
直播的概念	了解直播的概念		
直播平台分类及特点	熟悉直播平台分类及特点		
直播的传播优势	掌握直播的传播优势		
直播的策划制作流程	掌握直播的策划制作流程		
直播表现形式	熟悉直播的表现形式		
直播选题策划	能够根据要求进行内容选题策划		
直播内容策划	能够撰写直播内容策划提纲		
直播宣发文案写作	能够按照传播需求，撰写直播标题、简介和封面文案		
直播流程脚本写作	能够撰写直播流程脚本		
直播主播台本写作	能够撰写主播台本		
自评素质点	**佐证**	**达标**	**未达标**
创新意识、创新精神	能够树立创新意识和创新精神		
理论实践相结合的学习方法	能够掌握理论和实践相结合的学习方法		
团队协作能力	能够和团队成员协作，共同完成项目和任务		

拓展延伸

能力拓展 1　撰写拙政园直播流程脚本

如果你要做一场拙政园的直播，请写出整场直播的流程脚本。

能力拓展 2　桃花坞木版年画衍生产品抖音直播策划

请根据所学的知识和技能，结合以下内容，策划一场桃花坞木版年画的抖音直播，并撰写宣发文案及直播流程脚本。

桃花坞木版年画是苏州市民间传统美术，国家级非物质文化遗产之一。

桃花坞木版年画源于宋代雕版印刷工艺，由绣像图演变而来，到明代发展成为民间艺术流派，清朝雍正、乾隆年间为鼎盛时期。桃花坞木版年画通常以头大身宽的人物为主，色彩以红、黄、蓝、绿、紫、淡墨等色为基调进行组合，给人一种对比强烈鲜明、欢乐明快的视觉感受。

2006 年 5 月 20 日，桃花坞木版年画经国务院批准列入第一批国家级非物质文化遗产名录，项目编号为 Ⅶ-3。目前，中国直播行业动态频频，直播平台对资金、技术与服务的要求都发生了变化，更多传统企业、品牌商开始走向舞台的中央。桃花坞木版年画却仍然养在深闺人未识。原先在淘宝网上零星地销售，无法真正放大品牌效应，也无法发挥其独特的文化效应，在直播平台风起云涌的当下，电商市场重心开始发生转移，传统电商市场逐渐变成一片红海，电商增速逐步放缓。与此同时，短视频直播平台成为各大资本的重点布局方向。从模式来看，电商平台红利消失，必然导致直播和私域流量得到重视。因此桃花坞木版年画也必须尝试在短视频和直播平台上追求一种新的发展策略。